KB251934

까마귀학으로의 초대

까마귀학으로의 초대

인간 곁에서 살아온 가장 영리한 새, 과학으로 읽다

신화를 너머 뇌과학, 인지과학 등에 등장하다

까마귀 연구를 시작한 지 20여 년이 지났다. 20년 전 까마귀를 향한 세간의 관심은 도쿄를 비롯하여 도시 지역에서 일어나는 쓰레기 파헤치기, 전봇대에 둥지를 틀어 생긴 정전 사고 등 나쁜 이미지만 가득했다. 일본은 고도성장기(1960~1970년대)와 버블붕괴(1986~1991)를 거치면서 영양이 풍부한 음식물 쓰레기를 많이 버렸다. 그 쓰레기가 까마귀의 먹을거리가 되었고 도시에는 까마귀가 많이 늘었다. 도심의 까마귀 문제는 결국 사람이었다.

학술 연구에서도 까마귀가 자주 등장하기 시작했다. 21세기는 뇌과학의 시대라고 불린다. 까마귀의 인지 능력과 지적 행동에 관한 연구 결과가 많이 발표되었고, 까마귀는 지적 동물로서 위치도 올라갔다. 도구를 사용하는 까마귀로 유명한 뉴칼레도니아까마귀*Corvus moneduloides*의 도구를 만드는 기술, 논리적인 사고에 대한 분석 등 많은 보고가 있었다. 게다가 새의 뇌에는 포유류의 대뇌겉질에 해당하는 부분이 없고, 지적 활동에 관여하지 않는 선조체

線條體 부분이 크다고 알려져 있었다. 하지만 2000년을 경계로 형태는 다르지만 새의 뇌가 대부분 포유류의 대뇌겉질에 해당한다는 사실이 밝혀져 새의 뇌에 대한 인식이 좋아졌다. 따라서 인지과학 등의 연구에도 까마귀가 등장하기 시작했다.

까마귀는 사람 주변에 있는 평범한 새이면서 오래전부터 특별한 존재였다. 일본의 순례길로 유명한 구마노고도에는 신으로 받드는 야타가라스八咫烏가 있는데 그 근원은 까마귀다. 중국과 한국 고대 신화에도 태양에서 태어난 세 발 달린 까마귀 삼족오三足烏가 등장한다. 일본의 역사서《고사기古事記》에는 진무 천황이 새로운 조정을 세울 때 야타가라스가 그들의 행군을 도왔다는 기록이 있다. 일본에서는 까마귀를 이용하여 그해 농작물의 작황을 점치거나 까마귀에게 공물을 바치고, 산에서 작업할 때에는 안전을 기원하는 제사를 지내기도 했다. 이처럼 까마귀는 예부터 사람들의 생활 속에 깊이 들어와 있었다. 뇌과학과 행동과학 등 자연과학 분야에도 풍부한 생물 정보를 제공해 주고, 문학과 전설 등에도 자주 등장한다.

까마귀를 연구하게 된 계기는 까마귀의 생각지도 못한 측면을 봤기 때문이다. 20년 전쯤 대학교 부속 농장에서 사육하고 있던 닭이 연이어 공격을 당하는 사건이 발생했다. 족제비는 물론 개, 고양이 한 마리도 드나들지 못하도록 닭 사육장을 빈틈없이 막았는데도 닭이 계속 죽어 나갔다. 범인을 찾으려고 연구실 학생이 당직을 서면서 밤새 감시했다. 범인은 큰부리까마귀 *Corvus macrorhynchos*로 밝혀졌다. 닭이 자유롭게 돌아다닐 수 있도록 닭 사육장 주변에 울타리를 쳤기 때문에 야생동물은 드나들 수 없었다. 까마귀는 공중으로 날아들어 왔던 것이다.

지금이야 까마귀 박사로 불리지만 당시에는 까마귀에 대해 잘 몰랐기 때문에 까마귀가 닭을 잡아먹을 거라고는 상상조차 하지 못했다. 이 사건으로 연구자로서 까마귀에 꽤 흥미가 생겼다. 매나 독수리 같은 맹금류가 아닌데 이런 일을 저지르는 새. 새까만 모습 때문인지 죽음을 연상시키는 불길한 새로 미움 받는 새. 반면 놀랄 정도로 머리가 좋은 새이자 신의 사자로 신의 말을 전하는 새. 이처럼 여러 가지 면을 보여 주는 까마귀에 흥미가 생긴 나는 전공 분야인 뇌와 시각 연구를 접목시켜 까마귀의 뇌를 살피기 시작했다.

까마귀를 해부하고 뇌를 본 그 순간부터 지금까지 긴 시간 동안 까마귀 연구에 빠져 있다. 두개골을 열고 본 까마귀의 뇌는 부드럽게 부푼 충실한 형태였다. 쥐부터 사람까지 여러 동물의 뇌를 봐온 내게는 매우 충격이었다. 연구 주제로도 꽤 매력적이었다.

많은 사람들이 까마귀를 잘 이해했으면 하는 마음에서 연구를 시작한 지 15년 만에 까마귀에 관한 책을 출간한다. 눈으로 보는 까마귀와 상상 속의 까마귀에 대해 정리했다. 까마귀의 두뇌를 평가하는 학습실험을 여전히 이어가고 있다. 이 책에서는 까마귀의 신체 능력과 날개 구조, 울음소리의 의미, 지적 능력 등을 되도록 알기 쉽게 소개하려고 했다.

이 책을 통해 많은 사람들이 까마귀를 새로 알게 되는 계기가 되기를 바란다. 이 책에서는 큰부리까마귀*Corvus macrorhynchos*, 까마귀*Corvus corone*, 뉴칼레도니아까마귀*Corvus moneduloides* 등 까마귓과에 속하는 모든 까마귀를 까마귀라고 했다.[*]

책이 언어의 벽을 넘어 다른 나라 사람들에게 공유된다는 것은 인간 사회 활동의 가장 큰 기쁨 중 하나다. 특히 한국어로 번역 출판이 되어 기쁘다. 한국과 일본 양국에 내려오는 전설의 까마귀 삼족오가 양국의 친교를 더욱 깊

---

[*] 큰부리까마귀와 까마귀가 함께 나오는 부분에서는 총칭 '까마귀'와 구별하기 위하여 '까마귀*Corvus corone*'로 표기한다._옮긴이

게 해 주지 않을까 생각한다.

이 책에는 중국에서 한국을 거쳐 일본으로 전해진 다리 세 개 달린 삼족오가 나온다. 한국에서 금조金鳥라고도 부르는 이 새가 바다를 사이에 두고 옛날부터 한국과 일본 양국을 오갔다. 또한 한국에는 일본에 없는 까마귀의 친척인 까치가 있다(까치는 까마귓과다). 이 새 역시 머리 좋은 새로 많이 연구되고 있다. 이 책을 통해 한국에도 까마귓과 새들의 새로운 면을 알리고, 우리와 가까이 사는 새들의 마음을 이해하며 잘 지냈으면 한다. 이 책에 실린 새들에 대한 이야기와 문화가 사람과 새 사이에 가교가 되기를 바란다.

차례

1장
전설과 신화

1 인간에게 주목받다

　　까마귀는 좋든 싫든 옛날부터 꽤 친숙한 새다. 한국과 일본 전역 어디에서나 볼 수 있어서 까마귀와 관련된 이야기도 많다. 특히 일본은 까마귀(까마귀의 일본어 발음은 가라스다)가 붙은 지명도 많다. 한국과 일본 이외 나라도 까마귀와 친숙하며 신화와 동화뿐 아니라 여러 형태로 사람들의 일상에 등장한다. 미국 버몬트주 벌링턴에는 까마귀 간판이 눈에 띄는 까마귀 서점Crow Bookshop이 있고, 행동학, 심리학 등 과학 분야에서는 까마귀를 대상으로 한 연구가 많다. 셰익스피어의 《오셀로》와 《맥베스》에는 까마귀가 불길한 예언자로 등장한다. 일본 일부 지방에서는 까마귀를 불행을 연상시키는 존재로 보고 있는데, 한국도 마찬가지다.

　　어째서 까마귀는 다방면에서 주목받고 있을까? 까마귀는 일상에서 쉽게 볼 수 있는 야생 조류 중에서 몸집이 매우 크다. 몸 색깔은 검은색이거나 회색, 흰색과 검은색이 섞여서(색이 섞인 갈까마귀는 한국에서는 흔히 볼 수 없다) 수수하면서도 사람들의 눈길을 끈다. 그중 까마귀*Corvus corone*와 큰부리까마귀는 텃새여서 일 년 내내 우리 주변에 있다. 더욱이 머리가 좋고 적응력도 뛰어나다. 이런 여러 가지 이유로 까마귀가 사람들의 관심을 끄는 것 같다. 사람들은 까마귀를 단순한 새가 아니라 길함과 불길함의 이미지를 가지고 있는 새로 보아 왔다.

이 장에서는 예부터 사람들이 까마귀를 어떻게 보아 왔는지에 대해 알아볼 것이다(한국과 일본에는 같은 종의 까마귀가 서식하고 있다).

2 전설과 신화 속 까마귀

한국_인간의 수명이 까마귀 때문에 달라졌다

한국에서는 까마귀를 좋은 이미지로도 나쁜 이미지로도 본다. 까마귀는 효도하는 새, 효심이 깊은 새로 효조孝鳥라고도 불린다. 어른이 된 새끼 까마귀가 늙은 부모에게 먹이를 가져다 주는 습성 때문에 붙여진 별칭이다. 효심 깊은 까마귀 이미지는 일본에도 있다.

한편 건망증이 심한 사람에게 까마귀 고기를 먹었냐고도 한다. 까마귀 고기를 먹으면 검은 피부를 가진 아기가 태어난다고도 하고, 공교롭게 의심받는 상황을 일컫는 '까마귀 날자 배 떨어진다.'라는 속담도 있다.

《삼국유사》에는 신라 때 현재의 포항시 영일만을 배경으로 한 까마귀가 등장하는 '연오랑과 세오녀(연오랑과 세오녀의 '오'는 까마귀 오烏다)' 이야기가 있다. 연오랑이라는 어부가 해초를 따던 중 갑자기 바위가 움직여 일본으로 떠

내려갔다. 신라에 남겨진 아내 세오녀는 남편이 돌아오지 않아 슬프게 한탄하며 바닷가로 찾아 나섰는데 바위가 나타나 그녀마저 일본으로 데려가 버렸다. 그 후 신라에서 햇빛과 달빛이 사라져 큰 근심과 걱정에 휩싸였다. 연오랑과 세오녀가 일본으로 가 버려 햇빛과 달빛이 사라졌음을 안 신라의 왕은 하루빨리 그들을 데려오라며 일본으로 사자使者를 보냈다. 그러나 연오랑은 하늘의 뜻에 따라 이곳에 왔으니 돌아가지 않겠다며 대신 세오녀가 짠 비단을 하늘에 바치고 제사를 지내면 햇빛과 달빛을 되찾을 수 있다고 했다. 그대로 하자 신라에 햇빛과 달빛이 되돌아왔다.

이 이야기 속 부부가 바로 까마귀다. 이 이야기를 통해 한국에서도 까마귀를 태양의 상징인 삼족오三足烏(중국 신화에 나오는 태양을 상징하는 새)로 보고 있음을 알 수 있다.

견우와 직녀 이야기에도 까마귀가 등장한다. 견우와 직녀는 1년 중 단 하루 7월 7일에만 만날 수 있는데 까마귀와 까치가 다리를 만들어 견우와 직녀를 만나게 해 준다. 이들이 만든 다리를 오작교烏鵲橋라 하는데 '까마귀와 까치의 다리'라는 뜻이다(일본에는 까치가 없는데도 오작교는 까마귀 없이 까치가 다리를 만든다).

조사해 보니 까마귀는 200~300년 전까지만 해도 한국에서 푸대접 받지 않았다. 이것도 신화와 관련이 있다. 염라대왕의 명령으로 인간의 수명이 적힌 명부를 전달받은 강림(인간 세계에 내려온 신)은 까마귀에게 그 명부를 맡긴다. 그런데 까마귀가 명부를 가지고 가던 도중 솔개와 싸우다가 명부를 잃어버리는 바람에 어쩔 수 없이 사람들에게 수명을 대충 전달하게 되었다. 그래서 개개인의 수명이 까마귀 때문에 달라졌다는 이야기가 전해진다. 제주에서 전해지는 이 신화가 퍼지면서 한국에서 까마귀는 불길한 새로 낙인 찍혀 버리고 만다.

한국에는 '까마귀 노는 곳에 백로야 가지 마라.'는 속담도 있다. 백로를 착한 사람, 까마귀를 나쁜 사람으로 정하고 검게 물들지 말라는 교훈이다. 아무래도 검은색은 나쁜 이미지를 연상시키는 것 같다.

일본_개의 다리가 넷인 것은 까마귀 덕분인가

삼족오는 중국 신화에 등장하는 태양을 상징하는 까마귀다. 일본에서 삼족오가 등장하는 가장 오래된 기록인《왜명류취초倭名類聚鈔》천문 부분에 태양의 새로 삼족오가 나온다.《고사기古事記》(일본에서 가장 오래된 역사서)에는 진무 천황이 조정을 세울 때 야타가라스(삼족오의 일본 이름. 세 발 달린 까마귀로 일본 신화에 등장하는 길을 인도하는 태양신의 사자)의 도움을 받았다는 기록이 있다. 일본 제1대 진무 천황이 미야자키현 동쪽으로 출정을 떠나 바다 근처의 와카야마현 구마노시에 다다랐을 때 흉포한 신의 화신인 큰 곰이 나타났다. 흉포함에 놀란 진무 군대는 전의와 기력을 상실해 더 이상 앞으로 나아가지 못했는데, 그때 아마테라스 오미카미신과 다카기노가미신이 야타가라스를 길 안내자로 보내 줬다. 그 덕분에 진무 천황은 요시노야강에 무사히 도착했다. 이 일로 진무 천황이 즉위한 이후 즉위식에 사용하는 장식에는 삼족오 문양을 새겼다. 다만 그때 야타가라스의 다리가 3개인지는 정확하지 않다.

이 이야기에서 신은 길 안내자로 꿩이나 비둘기가 아닌 까마귀를 보냈다. 이는 까마귀가 머리 좋은 새라는 사실이 당시에도 알려져 있었던 것이라 생각된다. 까마귀는 기억력이 좋고 지혜도 있어서 진무 천황의 출정 중 곳곳에서 맞닥뜨리는 어려움을 해결하는 데 적합한 새라고 생각했을 것이다.

야타가라스

진무 천황이 출정을 할 때 길 안내자들이 부린 야타가라스는 다리가 3개로 알려져 있다. 하지만 《고사기》(712년경), 《일본서기》(720년경)에는 다리가 3개라는 기록이 없다. 일본에서 다리가 3개인 까마귀가 처음 등장한 것은 《고사기》, 《일본서기》가 나오고 약 200년 후(930년대)에 나온 《왜명류취초》다. 이 책에는 태양에서 나온 삼족오가 야타가라스라고 기재되어 있고, 《일본서기》에는 "짐이 지금 출정의 길 안내자로 야타가라스를 보내니."라고 기록되어 있다. 야타가라스八咫烏의 야八는 숫자 8을, 타咫는 길이 8치를 의미한다. 길이를 재는 옛 단위 8타를 현재로 계산하면 약 12센티미터여서 8치는 1미터 정도가 된다. 해석하면 크기가 약 1미터인 까마귀가 된다. 까마귀가 날개를 펼치면 약 1미터가 되지만 다리가 3개라는 설명은 없다. 따라서 야타가라스가 어떤 까마귀인지 의문은 깊어진다.

중국에서 한반도를 거쳐 전해져 온 삼족오와 길 안내자 야타가라스가 어디선가 합쳐졌을 가능성이 있다. 조사한 바에 따르면 당시 구마노 지역에는 우이, 스즈키, 에노모토라는 3개의 호족이 진무 천황의 출정을 도왔다는 설이 있다. 따라서 3개의 다리는 3당을 의미한다는 해석도 있다. 어느 것이든 구마노신사에서는 야타가라스를 신의 사자라고 여기는데 '지인용智仁勇(지혜와 어짊과 용기)', '천지인天地人(하늘과 땅과 사람)'이라는 의미다.

아타가라스는 '길을 인도하는 태양신의 사자'로 추앙받고 있다.

이처럼 까마귀는 신의 사자로 추앙받고 있으며 까마귀를 모시는 신사도 많다. 와카야마현의 구마노신사에는 까마귀 그림과 독특한 까마귀 문자가 들어간 부적을 참배객들에게 나누어 준다. 지역에 따라 까마귀가 그려진 곳에 화살을 쏘아 무병장수와 풍년을 기원하기도 한다. 도쿄 후츄시에 있는 오쿠니다마신사에서는 매년 7월 20일에 자두 축제를 열어서 풍요롭고 탈 없는 나날을 기원하며 까마귀 부채를 나누어 준다.

삼족오가 현재처럼 다리가 둘인 까마귀가 된 것은 "개에게 다리 하나를 주

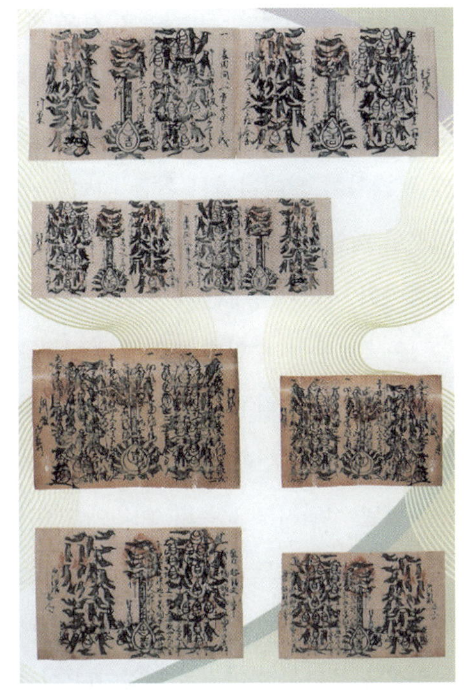

었다.”는 옛날이야기에서 비롯
되었다. 옛날에는 개도 까마귀
처럼 다리가 셋이었다. 앞다리
가 둘, 뒷다리가 하나. 그런데 개
는 땅 위를 걸어 다니기에 다리
3개로는 불편했다. 어느 날 개가
신에게 다리가 하나 더 있으면
좋겠다고 말하자 신은 까마귀
다리 중 하나를 개에게 주었다.
까마귀는 날아다니기에 다리가

둘이어도 셋이어도 상관없었기 때문이다. 덕분에 개는 까마귀의 다리를 받아
서 다리가 넷이 되었다. 개가 소변을 볼 때 다리 하나를 번쩍 드는 이유는 신
에게 받은 소중한 다리에 오줌이 묻으면 안 되기 때문이다.

중국_까마귀가 까만색이 된 이유

중국 신화에 따르면 동방의 천제天帝 제준과 처 희화, 열 명의 자식(태양)이
동방의 바다 끝에 있는 양곡에 살고 있었다. 양곡에는 높이 900미터 이상, 굵
기가 330미터인 신목이 있고, 열 명의 태양은 교대로 땅을 비추고 정해진 순
번과 경로로 수천 번씩 규칙적으로 움직였다.

어느 날 장난으로 열 명의 태양이 모두 동시에 하늘로 날아올랐다. 태양이
열 개나 나타나자 땅 위는 불타는 지옥으로 변했고, 농작물은 모두 말라죽었

으며, 기아가 덮쳤다. 큰 재앙을 겪은 황제는 천제에게 궁수의 신을 보내 달라고 부탁하여 그를 모셨다. 땅 위로 내려온 궁수의 신이 아홉 개의 태양을 떨어뜨리자 지상 세계는 예전의 평온함을 되찾았다. 궁수가 활을 쏘자 활에 맞은 태양이 찢어지면서 황금 깃털을 흩날리며 새빨간 물체가 떨어졌는데 이것이 태양의 정기인 삼족오다.

까마귀 다리가 3개인 것은 중국의 음양오행설에 따른다. 음양오행에서 양은 홀수, 음은 짝수인데 태양에서 나온 까마귀이니 양이어서 다리가 3개다. 3을 '하늘, 땅, 사람'이라는 의미로 해석하기도 한다. 삼족오는 하늘의 사자로서 대자연과 그 안에서 삶을 영위하는 사람들과의 관계를 담당하는 것으로 우상화된 것일지도 모른다. 이외에 까마귀는 태양에서 나오면서 다 타 버려 까맣게 되었다고도 이야기한다. 중국에서는 검은색을 진중하다고도 여긴다. 아침 해가 뜨기 전에 일어나고 지는 해와 함께 집으로 돌아가는 까마귀의 행동양식을 보면서 까마귀가 태양이나 신과 연결되었다고 보는 것 같다.

이처럼 멋진 전설이 있는 까마귀는 원래 길조였는데 현재는 불행을 부르는 새가 되었다. 연구실에 중국인 유학생이 있는데 "집 근처에서 까마귀가 울면 사람이 죽는다.", "까마귀는 불행한 일이 일어나는 징조다."라고 믿고 있었다. 한국, 일본과 마찬가지로 태양과 신이라는 신성한 이미지에서 재수 없는 새로 격하된 것이다. 이유가 있기는 하다. 본디 까마귀는 사체든 뭐든 다 먹는다. 안데스산맥의 원주민을 비롯한 몇 곳에서는 독수리에게 시신을 먹이는 조장鳥葬 풍습이 행해진다. 조장은 높은 산이나 암벽에서 행해지는데 사람들은 마을 근처나 길거리에서 무리 지어 동물의 사체를 먹는 까마귀를 보면서 불길한 새로 느끼는 것 같다.

중국에서 전해 내려오는 또 다른 까마귀 이야기는 달로 도망친 미인에 관한 이야기다. 한국과 일본의 달에 사는 토끼 이야기와는 좀 다르다. 작가 루

쉰의 《고사신편》의 단편 중 하나인 〈항아분월〉에서 항아는 앞에서 나온 궁수의 신인 예의 아내로 엄청난 미인이었다. 예는 사냥한 새로 육수를 내고 국수를 삶아 아내에게 주며 살았는데, 아홉 개의 태양을 쏘아 떨어뜨리고 천제의 자식을 죽인 죄로 항아와 함께 신분을 박탈당한다. 지상 세계로 쫓겨난 예는 주변의 새를 모조리 사냥한다. 온 세상의 새가 사라지고 마지막으로 까마귀만 남자 예는 까마귀마저 잡아서 육수를 내어 국수를 삶아 아내에게 준다. 그러나 매번 똑같은 까마귀 국수에 싫증이 난 항아가 달로 도망을 가 버린다.

어째서 마지막까지 남은 새가 까마귀였을까? 아마도 까마귀의 우수한 지능과 주의 깊은 행동의 결과일 것이다. 현재 일본에서는 연간 30만~40만 마리의 까마귀가 유해조수로 지정되어 죽임을 당하고 있다. 사냥꾼의 말에 따르면 오리와 가마우지는 쉽게 잡을 수 있지만 까마귀는 총구를 겨누거나 총만 들어도 알아채고 날아가 버려 잡기가 어렵다고 했다.

이런 까마귀이니 궁수의 신조차 마지막까지 까마귀를 어찌할 수 없었던 것이리라.

이집트_죽은 자의 매장 방법과 까마귀의 비축행동

이집트 친구는 이집트에서도 까마귀는 불길한 새라고 했다. 인류 최초의 인간 아담과 이브에게는 아들과 딸이 둘씩 있었다. 인류가 번성하려면 네 명의 자식이 각각 부부가 되어야 했다. 그런데 네 명 사이에 삼각관계가 생겼고 아들끼리 싸우다가 동생이 죽었다. 최초의 인류였던 그들은 죽은 자를 어떻게 해야 할지 몰랐다. 알라에게 물으니 알라가 그들에게 까마귀 두 마리를 보내 주었다. 그런데 까마귀들이 싸우다가 한 마리가 죽자 이긴 까마귀가 죽은 까마귀를 매장했다. 이 모습을 보고 형은 시신을 처리하는 방법을 배웠다. 이집트 및 이슬람 세계에서 까마귀가 죽음의 이미지인 '불길한 새'로 인식된 것은 바로 이 이야기 때문이다.

그렇다면 신은 죽은 자의 매장 방법을 가르치는 데 왜 까마귀를 이용했을까? 신만이 알겠지만 아마도 까마귀를 머리 좋은 새라고 생각했을 것이고, 먹이를 땅에 묻어 숨기는 까마귀의 비축행동caching behavior이 이 이야기의 뒷면일 것이다.

이슬람교의 경전인 쿠란에서는 앞선 민간 전설과는 이야기가 조금 다르게 진행된다. 아담에게는 카인과 아벨이라는 아들이 있었다. 형제는 신에게 제물을 바쳤다. 그런데 신은 동생인 아벨의 제물을 더 좋아했다. 아벨은 "신은 정말로 경건한 자가 바친 제물을 좋아하신다."라고 말했다. 그 말에 화가 난 카인은 살의를 보였다. 아벨이 형에게 말했다.

"형이 나를 죽이려고 해도 저항하지 않을 것입니다. 형이 나를 죽여 나와 형의 죄를 함께 지고 집안의 가장이 될 각오라면 그렇게 하세요. 그것이 악인에 대한 응보입니다."

그 말에 격분한 카인은 동생을 죽이고 만다. 알라가 까마귀를 보내 아벨을 땅에 묻는 법을 가르치지만 카인은 이런 말로 후회한다.

"나는 동생을 묻을 수가 없어. 까마귀보다도 못한 열등한 인간이 되어 버렸어."

이처럼 땅에 묻는 것은 까마귀의 비축행동과 연관이 있었을 것이다.

이집트에 갔을 때 목부터 어깨, 가슴의 깃털이 회색인 까마귀를 봤다. 일본 까마귀와는 색이 조금 달랐지만 이집트 까마귀도 비축행동을 했다. 아주 오래전 이집트 까마귀도 먹이를 땅에 묻었을 테니 사람들은 그걸 보고 사체를 묻는다는 불길한 발상을 했을 것이다.

영국_런던탑의 까마귀들이 살아남은 이유

영국 런던탑에는 늘 6~8마리의 까마귀들이 왕실의 수호신으로 살고 있다. 17세기 어느 점술가가 국왕 찰스 2세에게 한 말이 시작이었다.

"런던탑의 까마귀가 사라지면 잉글랜드에 큰 재앙이 생기고 왕실의 명맥이 끊어집니다."

수많은 사상자가 나온 1666년 런던대화재 때 까마귀들이 사체를 파먹으려고 몰려들었다. 참혹한 아수라장을 본 찰스 2세가 까마귀를 없애려고 했을 때 점술가가 조언한 것이다. 더 이상의 피해를 두려워한 찰스 2세는 점술가의 말에 의지할 수밖에 없었던 모양이다. 들개와 까마귀는 런던 거리에서 죽은 자들의 사체를 먹었다.

아쿠타가와 류노스케의 소설 《라쇼몽》에도 기아로 죽은 자의 시체에 까마귀가 무리 지어 달려드는 장면이 나온다. 뭐든지 먹는 까마귀는 이런 장면에 자주 등장한다.

아서왕이 마법으로 까마귀로 변신한다는 전설도 있는 것을 보면 신사의 나라, 산업혁명의 나라로 역사가 깊은 영국은 까마귀의 위치가 의외로 높다. 영국 이야기에 나오는 까마귀는 한국이나 일본의 까마귀보다 좀 더 크고 신사처럼 의연한 큰까마귀Raven, *Corvus corax*다.

그리스_아폴론이 빼앗은 까마귀의 아름다운 깃털과 목소리

그리스 신화에 나오는 까마귀는 태양의 신 아폴론을 상징한다. 신화 속 까마귀는 깃털이 매우 아름답고 사람의 말을 할 줄 알며 머리가 매우 좋았다. 그런데 이 까마귀가 아폴론의 아내인 코로니스가 지상의 인간과 매우 친밀한 관계라고 오해하여 아폴론에게 알렸다. 아폴론은 강한 질투심으로 격노하여 코로니스를 죽인다. 죽기 직전 코로니스는 "당신의 아이가 뱃속에 있어요."라고 말했고 아폴론은 깊은 후회에 빠진다.

아폴론은 까마귀에게서 아름다운 깃털과 목소리, 인간의 말을 할 수 있는 능력을 빼앗아 버린다. 이후 까마귀는 천계에서 추방당하고 상복과 같은 검은 깃털을 갖게 되었다. 목소리도 갈라졌고, 말을 할 수 있었던 까마귀는 듣기 싫은 울음소리만 내게 되었다. 그렇게 아폴론의 까마귀는 현재의 검은 깃털의 까마귀가 되었다.

북유럽_까마귀가 전 세계를 날아다니는 이유

북유럽 신화에 나오는 신 오딘은 전지전능의 신이며 만물의 신으로 존경과 칭송을 받는다. 오딘이 그려진 그림에는 양어깨에 큰까마귀가 한 마리씩 올려져 있다. 이름은 '후긴'과 '무닌'. 후긴은 생각을, 무닌은 기억을 의미한다. 생각과 기억은 지혜의 바탕을 이루는 요소다. 후긴과 무닌은 오딘에게 여러 가지 정보를 전하기 위해 전 세계를 날아다닌다. 북유럽 사람들은 까마귀가 다른 새들과 달리 지혜가 있는 동물임을 알았던 것이다.

북아메리카 원주민_틀에 갇히지 않은 창조의 신

북아메리카 원주민 전설 속의 큰까마귀는 세계 창조의 신이다. 산과 나무, 지상, 바다 생물들에게 생명을 불어넣어 준다. 태평양 서부 연안 신화

그랜드캐니언에 있는 선물 가게의 까마귀 상품. 북아메리카 원주민에게 까마귀는 친근한 새인 듯하다.

에는 까마귀가 준비성이 철저하고 영리하며 2개의 인격이 있는 캐릭터로 나온다. 멍청하거나 한편으로는 영리하면서도 멍청하게 나오기도 한다. 현명하지만 그렇지 않은 점도 있는, 법과 질서 같은 틀에 갇히지 않은 존재로 등장한다. 이 점은 일본의 까마귀와도 상통한다. 영리하고 머리 좋은 새로 주목을 받지만 쓰레기를 파헤치고 농작물을 먹어 치우는 등 법과 질서를 완전히 무시하기 때문이다.

구약성서_노아는 왜 까마귀를 가장 먼저 날려 보냈을까?

까마귀는 구약성서에도 나온다. 기독교 신자가 아니더라도 노아의 방주는 알 것이다. 악이 만연한 지상 세계를 벌하기 위해 하나님은 대홍수를 일으켜 악을 소멸시키려고 했다. 하지만 하나님을 따르는 노아의 가족과 동물들은 방주에 올라 화를 면한다. 150일간의 홍수로 지상의 생명은 노아의 가족과 동물들을 제외하고는 전부 사라진다. 살아남은 노아는 지상의 상황을 살펴보기 위해서 까마귀를 날려 보냈는데 돌아오지 않자 7일 후에 다시 비둘기를 날려 보냈다. 이후 비둘기가 올리브 나뭇가지를 물고 돌아오자 노아는 대홍수가 끝이 났다고 생각한다. 다시 7일 후 날려 보낸 비둘기가 돌아오지 않자 지상에 평온함이 돌아왔다고 판단한다. 그때야 노아는 배에서 내린다.

왜 처음에 까마귀가 선택되었는지 정확히 알 수는 없지만 지혜로운 새이기 때문에 정찰자로서의 사명을 잘 완수하리라 생각했을 것이다. 날려 보낸 까마귀가 돌아오지 않고 태양으로 돌아갔다는 해석도 있다. 현재는 비둘기도 까마귀도 도시에서는 쓰레기와 분변 문제를 일으키는 나쁜 새가 되었지만 구약성서의 창세기에는 귀중한 사자로서 사람들에게 큰 도움을 주었다. 구약성서에서도 까마귀는 영리한 새다.

3 신의 사자에게 풍년을 기원하다

일본 농촌에서는 까마귀에게 풍년을 기원하기도 했다. 그런데 에 [illegible] 네노부터 신묵한 새이지만 뭐든지 먹는 잡식성이어서 봄에 뿌린 종자와 싹 등을 헤집고 먹어 버려서 농부들에게는 달갑지 않은 것 같다.

그럼에도 농작물의 풍요를 기원하는 제사에는 까마귀가 자주 등장한다. 까마귀가 농작물에 접근하지 않게 해 달라고 빌기도 하고, 까마귀가 신의 사자로 불리니 두려움에 빌기도 한다. 까마귀에 대한 감정은 복잡하게 교차되어 있다.

일본에는 매년 음력 1월 6일에 '산 들어가기' 또는 '손도끼 들어가기'라고 불리는 행사를 하는 곳이 있다. 그날은 톱과 손도끼를 그해 처음으로 사용하는 날이다. 농부들은 산을 향해 큰 소리로 "까마귀! 까마귀! 까마귀!"라고 부른 후 밭 중앙에 종이를 깔고 쌀을 올려놓는다. 까마귀는 산을 지키는 신의 사자라는 지위가 있으니 안전을 기원하는 것이다. 음력 1월 14일에도 마찬가지로 논에 공양물을 놓고 까마귀를 부르며 그해의 풍년을 기원하는 제사를 지내기도 한다.

지금이야 수확량이 좋은 품종도 다양하고 날씨 예측도 가능하지만 과거에는 불가능했다. 그해 날씨를 예측하고 어느 품종의 벼를 심는 것이 좋을지는 도박과도 같은 큰 모험이었다. 자연의 섭리에 비해 인간의 힘이 하찮고 무력하다는 것을 아는 농부들은 신의 사자인 까마귀에게 판단을 내려 달라고 할 수밖에 없었다. "사람이 할 일을 다 하고 하늘의 명령을 기다린다."라는 신성한 마음으로 이런 의식을 행하고, 그런 과정을 통해 불안한 마음을 진정시켰을 것이다.

유감스럽게도 현대인은 합리적이고 신속한 판단을 요구하는 사회에 살면서 이런 의식이 가지는 의미를 잊고 있는 것 같다. 오히려 까마귀의 가호를 기다리는 마음의 여유가 현대인에게 더 필요하지 않을까?

설날이나 정월대보름 전후에 풍년을 기원하는 축제에서는 삼족오가 그려진 과녁을 향해 활을 쏜다. 과녁 그림은 축제를 여는 신사마다 달라서 삼족오 대신 도깨비 얼굴이나 글을 적어 넣기도 한다. 화살이 과녁에 명중하면 운이 좋고, 명중하지 못하면 흉하다고 생각한다. 화살이 과녁의 까마귀를 쏘면 햇볕의 양이 줄어서 가뭄을 피할 수 있다고 믿기 때문이다. 이처럼 축제의 취지는 재해 없이 풍년을 무사히 맞고 싶은 농부들의 마음을 기원하는 것이다.

신주쿠 나카이고료신사의 오비샤 축제. 두 마리의 까마귀가 그려진 과녁에 활을 쏘고 있다.

2장
똑똑한 불사조?

1 몸이 크고 지능이 높은 새

까마귀는 약 7000만 년 전 오스트레일리아 대륙에서 생겨났다. 이후 동남아시아를 경유해 전 세계로 퍼졌다. 인류의 선조인 사헬란트로푸스*Sahelanthropus tchadensis*가 차드공화국의 지층에서 발견된 이후 인류의 발상은 700만 년 전이라고 하니 까마귀의 역사는 인류 역사에 10배다.

까마귀라는 말을 사용하지만 사실 일본에는 '까마귀'라는 이름의 동물은 없다.* 책의 제목과 본문에서 까마귀라고 사용하기는 하지만 정확히 말하면 까마귀는 아니다. 까마귀와 관련된 책이 많은데 '○○까마귀'를 '까마귀'라고

---

* 한국에서 까마귀는 까마귓과 새들의 총칭이고, 까마귀*Corvus corone*라는 이름의 까마귀도 있다._옮긴이

한 것이 많다. 제대로 정의하면 까마귀는 참새목 까마귓과科 새의 총칭이다. 까마귓과에는 까마귀속도 있고 어치속, 까치속 등을 포함하여 25속 135종이 있다. 그중 47종의 새 중에서 우리가 흔히 생각하는 까마귀는 특히 우리와 가까이 있는 2종 '큰부리까마귀'와 '까마귀*Corvus corone*'(일본에서는 가는부리까마귀라고 불리지만 한국에서는 까마귀라 불린다)다. 이런 이유로 까마귀라고 하는 것은 정확한 명칭에서 어긋나지만 대부분의 사람들은 까마귀를 구별하지 않고 단순하게 '까마귀'라고 부른다. 그래서 책에서도 편의상 몇 종의 까마귀를 총칭으로 '까마귀'라고 부를 것이다. 다만 큰부리까마귀와 함께 까마귀가 언급될 때는 학명 *Corvus corone*를 붙일 것이다.

까마귀는 참새목 까마귓과 까마귀속으로 분류되는데 같은 참새목의 참새(참새목 참샛과 참새속), 어치(참새목 까마귓과 어치속) 등과 진화적으로 가까운 위치에 있다. 이렇게 분류하니 속 이름이 흔한 새 이름과 같다. 이 속에는 몇 종류의 새가 있고, 까마귀속만 해도 47종이나 있다.

대부분의 새는 먹이행동이나 둥지를 짓는 것을 모두 나무 위에서 해서 삼림에 서식한다. 그러나 몸이 크고 지능이 높은 까마귀는 주변에 무서운 것이 없는 까닭에 빌딩이 인접한 도시와 넓게 펼쳐진 농경지, 평야에 서식한다. 까마귀는 사람들이 생산한 식량에는 풍부한 영양이 있다는 것, 가축이 걸으면서 발굽으로 파헤친 땅속에 먹이가 되는 벌레가 있다는 것, 사람들이 배출하는 쓰레기에 맛있는 게 있다는 것을 시간을 들여서 터득했다. 사람들과 함께 살아야 할 이유를 체득한 것이다.

인간과 가깝게 사는 까마귀

한국과 일본에서 자주 보이는 까마귀는 큰부리까마귀와 까마귀*Corvus corone*다. 동물 분류학적으로 보면 척추동물문 조강 참새목 까마귓과 까마귀속으로 분류된다.

인간과 가까운 까마귀는 큰부리까마귀와 까마귀*Corvus corone*다. 큰부리까마귀의 영어 이름은 정글 크로Jungle crow 또는 라지빌드 크로Large-billed crow다. 까마귀는 캐리어 크로Carrion crow.

한국과 일본 모두 큰부리까마귀와 까마귀*Corvus corone*는 텃새로 사계절 내내 같은 장소에 서식하며 이동하지 않는다. 가끔 생활권을 바꾸기는 하지만 기본적으로는 보금자리를 가지고 항상 같은 지역에서 생활한다. 최근 도쿄 까마귀 중에는 도쿄와 가까운 사이타마현에서 옮겨오는 까마귀도 있다.

한국과 일본 모두에서 볼 수 있는 큰부리까마귀*Corvus macrorhynchos*

큰부리까마귀는 체중이 600~800그램, 몸길이가 약 56센티미터, 날개편길이가 약 105센티미터다. 부리는 수컷이 약 7센티미터이고 옆에서 보면 바나나를 갖다 붙인 것처럼 생겼다. 윗부리는 아랫부리보다 조금 더 길고 끝이 뾰족하다. 암컷의 부리는 수컷보다 조금 작다. '까악~까악~' 하고 울며, 비교적 소리가 맑다. 식성은 잡식성이지만 고기를 좋아한다. 알은 2~5개 정도 낳는다.

2001년 도쿄 23구 내에는 큰부리까마귀가 3만 5,000마리에서 4만 마리 정도 서식하고 있었다. 하지만 2006년부터 시작된 구제 활동(포획 활동) 때문인지 현재는 1만 2,000마리로 줄었다. 일본 어디에서나 볼 수 있지만 지방으로 갈수록 수가 적은 듯하다. 참수리와 솔개 같은 맹금류가 거의 없는 도쿄에서는 큰부리까마귀가 대형 조류에 속한다. 도쿄 등 대도시에서 볼 수 있는 까마귀는 대부분 큰부리까마귀다.

큰부리까마귀 아종으로는 오키나와에 서식하는 류큐큰부리까마귀, 쓰시마섬(대마도)에 서식하는 조선큰부리까마귀, 야에야마제도에 서식하는 오사큰부리까마귀가 있다. 이 3종류의 아종은 큰부리까마귀보다 조금 작다.

한국의 큰부리까마귀는 일본의 큰부리까마귀와 같은 종으로(조선큰부리까마귀[*]가 한국의 큰부리까마귀와 같은 종인지는 연구가 필요하다) 식성과 생태가 같지만 일본 큰부리까마귀와 다르게 도심지보다는 주로 산에 서식한다. 산에 산다고 하지만 제주도에서는 어디에서나 볼 수 있다. 서울에서도 쓰레기장이나 산 주변에 종종 나타난다. 서울은 산이 많고, 녹지 조성 사업으로 서식지가 늘었고, 빌딩을 나무와 숲으로 생각해서 증가한다고 추측해 볼 수 있다. 서울대 최창용 교수에 따르면 서울에서 최근 20년 동안 큰부리까마귀가 80퍼센트가량 급증했다. 한국은 일본과 달리 까마귀가 유해조수로 지정되어 있지 않지만 큰부리까마귀 연구가 필요한 시점이다._옮긴이

큰부리까마귀. 부리가 크고 머리가 둥글다.

한국과 일본 모두에서 볼 수 있는 까마귀*Corvus corone*

까마귀는 체중이 450~600그램, 몸길이가 약 50센티미터, 날개편길이가 약 90센티미터다. 큰부리까마귀보다 크기가 조금 작으며 수컷의 부리도 약 5센티미터 작다. 그래서 큰부리까마귀의 부리와 비교하면 낫지다는 생각이 덜하다. 울음소리는 큰부리까마귀의 맑은소리에 비해 '가악~가악~' 하는 소리를 낸다. 재미있는 것은 울음소리를 낼 때 온몸의 힘을 쥐어짜듯이 머리를 가슴까지 상하로 흔들면서 온 힘을 다해서 운다는 점이다. 우는 모습을 보면 고통스러워 보이지만 그다지 고통스럽지는 않은 듯하다. 큰부리까마귀와 마찬가지로 잡식성이지만 개구리, 벌레 등 작은 동물, 나무 열매, 농작물의 씨와 어린싹 등을 좋아한다. 호두를 깨는 까마귀로 알려진 것도 바로 이 까마귀다. 알을 2~5개 낳는다.

까마귀는 어디에서든 볼 수 있지만 도시보다는 교외의 농촌 지역에 많이 서식한다. 큰 공원이나 강변을 걷는 까마귀도 이 까마귀다. 초봄에 밭을 가는 트랙터 뒤를 까마귀 20~30마리가 어슬렁어슬렁 따라 걸으며 흙 속 벌레를 먹는 풍경도 볼 수 있다. 경험에 따르면 큰부리까마귀보다 까마귀가 경계심이 강하다.

까마귀란 종명이 까마귓과 새의 총칭과 같아 한국에서 까마귀라고 하면 이 까마귀*Corvus corone*'인지 대충 모아서 말하는 '까마귀'인지 헷갈린다. 대부분 구별 없이 사용한다.

한때 까마귀가 한국에서 자취를 거의 감춘 적이 있었다. 정력에 좋다는 이유로 까마귀를 남획하여 멸종위기에 처했다는 기사도 있다(《조선일보》, 1991. 3. 30). 기사에 따르면 까마귀 한 마리당 30만 원을 호가하며 2~3년 전부터 밀렵이 성행했다고 한다. 이 여파 때문인지 떼까마귀와 큰부리까마귀에 비해 잘 보이지 않는다. 생태계를 위협할 정도까지 까마귀 사냥을 하다니 믿기 어렵지만 현실 이다. 현재 까마귀는 조금씩 늘어나고 있지만 큰부리까마귀와 떼까마귀에 비해 개체수가 적은 듯하다. 주로 도심지에서 발견되나 떼까마귀와 비슷하여 혼동이 오는 경우도 많다. 국내에 서식하는 까마귀 종류와 군집에 대한 연구가 필요하 다._옮긴이

까마귀. 부리가 가늘고 길다. 머리 형태는 큰 부리까마귀만큼 둥글 지 않다.

도시에서 쉽게 보이지 않는 까마귀

쉽게 볼 수 없다고 하지만 대도시나 평야 지대에서 볼 수 없다는 것이지 이 까마귀들이 사는 지역에서는 자주 보이는 친근한 까마귀다.

한국과 일본 모두에서 볼 수 있는 떼까마귀 *Corvus frugilegus*

큰부리까마귀보다 조금 작고 몸길이는 47센티미터, 체중은 300그램 정도 다. 부리도 조금 작으나 날카로우며 부리 근처 피부가 노출되어 있어 그 부분 이 하얗게 보이는 것이 특징이다. 울음소리는 '까라라라라'로 작고 가늘게 운 다. 주로 곡류와 곤충을 먹으며 잡식성이다.

떼까마귀는 겨울 철새로 10월이 지나면 시베리아 동부에서 한반도와 규슈 지방, 혼슈 서일본 지방의 북쪽으로 건너온다. 매년 떼까마귀가 보이는 도시와 마을이 늘어나고 있지만 대형 무리로 보이는 예는 없다. 니카타에서 많이 확인되고 있다. 봄이 되면 북쪽으로 돌아가지만 어린 새들은 5월까지 일본에 머물기도 한다.

겨울을 나기 위해 한국으로 온 떼까마귀들은 요란하게 지낸다. 한국에는 10월경 와서 경기도와 울산 등의 도심지에서 집단으로 있다가 3~4월에 러시아나 몽골로 돌아간다. 경기도 일대 도심에서 매년 분변 테러가 발생한다. 저녁만 되면 대규모의 검은 무리가 전선 위에 모여 특유의 울음소리를 내고, 분변을 배출한다. 까마귀를 좋아하는 사람도 손사래를 칠 정도의 광경이다. 사람들은 언제 이런 상황이 없어질지 묻지만 매년 일어나는 일이다. 떼까마귀들은 매년 나타나서 (그들 입장에서는) 잘 지내고 간다. 매년 한국을 찾는 이유는 먹이가 풍부하고, 숲속 나뭇가지 잠자리를 선호하는데 전봇대와 전선이 그것을 대체해서 최적의 잠자리가 되기 때문이다.
울산 태화강에 매년 떼까마귀가 대규모로 나타나는 것은 태화강의 자연생태가 건강하기 때문이다. 지자체별로 피해를 파악하기 위해 떼까마귀 개체수를 조사한다. 이런 체계적이고 지속적인 조사를 바탕으로 인간과 떼까마귀가 공존할 수 있는 연구가 필요하다._옮긴이

일본에서만 볼 수 있는 갈까마귀*Corvus dauuricus*

크기 33센티미터인 소형 까마귀다. 깃털 색이 검은색이거나 흰색과 검은색이 섞인 종류가 있다. 흰색과 검은색이 섞인 갈까마귀는 후두부, 목, 가슴, 배가 하얗다. 울음소리는 '꽁', '꾜~', '까~'로 높은 소리를 낸다. 여성의 비명

과 비슷해서 이 지역 사람들은 당혹스러울 것이다.

겨울 철새로 한반도를 거쳐 규슈 지방으로 오는데 보통은 떼까마귀 무리와 섞여서 온다. 최근에는 홋카이도에서도 볼 수 있다. 한국에서도 겨울 철새이지만 흔히 볼 수 있는 새는 아니다. 울산에서 떼까마귀 무리와 섞여 가끔 보이는 정도다.

갈까마귀의 근연종으로는 유럽에 서식하는 서양갈까마귀Western jackdaw가 있다. '각인'을 발견한 동물행동학자 콘라트 로렌츠는 서양갈까마귀와의 상호 교류에 대해《솔로몬의 반지》에서 소개했다.

한국에서는 못 보는 큰까마귀*Corvus corax*

큰까마귀는 체중 1,200그램 이상으로 큰부리까마귀보다 1.5배 큰 대형 까마귀다. 북극곰, 여우, 코요테 등의 육식동물 곁에서 생활하며 사냥한 포획물의 남은 부분을 먹는다. 육식동물에 가깝다.

서식지는 매우 넓다. 유럽, 북아메리카, 아시아 등 전 세계에 분포하고 있으며 비교적 위도가 높고 추운 지역에 산다. 일본에서는 홋카이도의 미나미치시마섬에서 텃새로 살고 있다. 최근에는 홋카이도에서 에조사슴 사냥 시기에 건너온다. 아마도 사냥꾼들이 다 가져가지 못한 사슴을 노리고 오는 것이 아닐까 생각한다. 에조사슴 사냥이 활발해지면서 홋카이도에 큰까마귀가 느는 것 같다. 한 보고서에 따르면 구시로 지방에서 1995년부터 2001년 1월까지 큰까마귀가 94번 확인되었다.

큰까마귀는 현명한 까마귀류 사이에서도 특히 머리가 좋은 편으로 예전부터 동물행동심리학 연구 분야의 연구대상이었다. 큰까마귀 연구자 베른트 하인리히는 "인간 이외에 이 까마귀만큼 울음소리의 종류가 많은 동물은 없다."고 했다. 그 정도로 울음소리의 종류가 풍부하다.

2 매일의 일상과 새끼를 돌보는 1년의 여정

먹이 찾기, 놀기, 몸 다듬기 등 매우 바쁜 하루

까마귀의 하루는 일출 식선에 시작해서 일몰과 함께 끝난다. 까마귀는 매우 잘 돌아다니는 새다. 아침 일찍 보금자리에서 출발하여 저녁에 해가 질 때까지 밖에서 먹이를 찾는다. 그 사이 목욕과 몸 다듬기도 한다. 이런 일상은 계절, 지역, 연령 등에 따라 조금씩 다르고 집으로 돌아갈 때는 말을 맞춘 듯 모두 함께 돌아간다. 저녁에 수많은 까마귀가 전선 위에 있는 것을 보면 만원 지하철을 타고 귀가하는 인간의 모습과 겹쳐 보인다. 아침에는 시차를 두고 몇 마리씩 작은 집단을 이뤄 어제 간 곳으로 출발한다. 이런 집단생활은 가을부터 겨울까지 많이 보인다. '겨울 잠자리'를 만드는 시기다.

까마귀는 넓은 잔디 공원 등이 있으면 걸으면서 먹이를 찾는다. 가을에는 떨어신 벼 이삭 등을 부리로 쪼아 먹는다. 시골에서는 수많은 까마귀가 추수가 끝난 논을 어슬렁어슬렁 걸으며 쪼는데 잡식성이어서 흩어진 벼 이삭을 쪼거나 곤충을 쪼는 등 먹이행동을 한다. 이 활동이 일단락되면 나무나 공원, 빌딩 옥상 등에 머문다. 날개를 다듬거나 물놀이를 한 후 몸을 말리는 등 유유자적한 시간을 보낸다. 또한 친구들과 술래잡기를 하듯 두 마리의 까마귀가 매우 빠른 속도로 나무 사이를 날아다니는 모습도 목격할 수 있다.

까마귀는 울음소리로 소통한다. 예를 들어 먼 곳에서 '까악~까악~' 하고 울고 있으면 어디선가 까마귀가 날아와 합류한다. 그리고 2마리 혹은 3마리가 어딘가로 날아가 다시 울면 또 다른 곳에서 까마귀가 날아와 합류하며 같은 행동을 반복한다. 환경에 따라 다르지만 목욕이나 모래 목욕을 한다든가 쓸모없어 보이는 물건을 물고 가는 장난을 치기도 한다.

놀기만 하는 것은 아니다. 까마귀는 발 닿는 곳 어디에나 먹이를 숨기기 때

까마귀의 목욕

보금자리에서 쉬고 있는 까마귀 떼

문에 잘 숨겨져 있는지 확인하는 것을 게을리하지 않는다. 아침 일찍 먹이를 찾으러 날아다니다가 식후에는 놀기, 목욕, 나뭇가지에 앉아 쉬기 등을 반복하며 지낸다. 하루 행동 범위는 평균 5~6킬로미터인데 10킬로미터 이상 이동하는 까마귀도 확인되었다. 자세한 내용은 7장에 있다.

까마귀는 매년 같은 장소에 둥지를 만들까?

까마귀의 1년은 어떨까? 까마귀의 1년을 크게 나누어 보면 둥지를 만들고 새끼를 키우는 번식기와 집단으로 생활하는 비번식기로 나뉜다.

까마귀는 가을에서 겨울에 걸친 비번식기 동안 마치 공동주택 같은 잠자리 영역에서 함께 보낸다. 그러다가 짝을 찾고 번식하는데, 짝을 찾으면 공동 영역 바깥에 자신의 영역인 둥지를 만든다. 잠자리는 뒷마당이고, 자신의 영역인 둥지는 집이라고 할 수 있다. 새끼를 안전하게 키우고 먹이를 찾기 위한 영역 확보로 보인다.

"까마귀는 매년 같은 장소에 둥지를 만들지요?"

까마귀를 연구하는 연구자도, 까마귀가 둥지를 틀 때 피해를 본 사람도 같은 질문을 한다. 나는 5년 정도 같은 나무의 같은 가지의 갈라진 지점도 똑같은 곳에 둥지를 만든 까마귀를 본 적이 있다. 겨울 잠자리에서 생활하는 비번식기에는 영역을 일시적으로 방치하고 있는 듯하지만 아마도 정해진 암묵적인 규칙은 지키고 있을 것이다. 이 영역에는 제공권 air supremacy (공중을 지배하는 능력)이 있는 것 같다. 둥지 위를 지나가려는 솔개나 다른 무리 까마귀가 나타나면 둥지 바로 위로 오기 전에 경계의 울음소리를 내며 영역 상공에서 쫓아낸다. 수컷과 암컷이 시차를 두고 각각 날든지 혹은 동시에 날아올라 쫓는다. 그러려면 매년 정해진 곳에 둥지가 있어야만 이런 대응을 바로바로 하는 게 가능하다.

둥지의 크기와 재료, 위치

겨울을 지나 3월 번식기가 되면 성성숙기를 맞은 까마귀(생후 2년 이상)는 매일 둥지 만들기 작업을 한다. 이 시기에는 둥지를 만들 재료를 나르며 매일 바쁘게 움직인다. 도시에는 자연 소재가 별로 없으니 옷걸이나 동물 털, 끈 등을 물어간다. 둥지 만들기 작업은 수컷과 암컷이 함께한다. 둥지를 만들고 부화 후에 새끼를 키우는 시기는 겨울 잠자리 생활과 달리 까마귀에게 가장 바쁜 시기다.

장소를 정한 후에는 둥지 만들기에 열중한다. 둥지 만들기는 3~4월에 이루어지는데 장소에 따라 건축 양식이 다른 것 같지만 대체로 10미터가 넘는 높이의 나무에 3~4개의 가지가 나온 곳으로 정한다. 둥지는 외벽, 내벽, 알 낳는 곳 등으로 나뉜다. 둥지 외벽은 작은 가지로 듬성듬성 얽고, 내벽은 좀 더 가는 가지로 촘촘하게 엮고, 내벽의 안쪽은 흙을 발라 굳힌다. 중앙의 알을 낳는 자리는 동물 털이나 짚 등 부드러운 소재로 덮는다. 그중에는 모던 인테리어인지 혹은 내진 공법인지 둥지 외벽의 뼈대 구조를 인간들이 사용하는 철사 옷걸이로 만든 까마귀도 있다.

둥지 크기는 외벽 60~80센티미터, 알 낳는 곳은 지름 20~30센티미터다. 큰부리까마귀와 까마귀*Corvus corone*의 둥지를 비교하면 외벽은 큰부리까마귀의 것이 더 큰 경향이 있지만 알 낳는 공간은 큰 차이가 없다.

까마귀는 낙엽수(가을이나 겨울에 잎이 떨어졌다가 봄에 새잎이 나는 나무)나 전봇대 등 탁 트인 넓은 공간에 둥지를 만드는 경우가 많지만 큰부리까마귀는 삼나무, 개잎갈나무 등 둥지가 잘 안 보이는 상록수를 선호한다. 한 보고서에 따르면 큰부리까마귀가 둥지를 튼 곳을 조사했더니 낙엽수 3퍼센트, 인공 구조물 5퍼센트, 상록수 92퍼센트였다. 반면 까마귀는 낙엽수 25퍼센트, 인공 구조물 23퍼센트, 상록수 52퍼센트다. 종에 따라 선호하는 둥지 환경이 다르다는 뜻이다. 내가 있는 대학교 주변에서는 둥지 11개가 개잎갈나무 5개, 적송 3개, 계수나무, 벚나무, 빌딩 옥상에 각각 1개씩 있었다. 대부분 큰부리까마귀가 출입했다. 교외 강변에 있는 5그루의 아까시나무에 있는 둥지는 까마귀의 것이었다. 둥지까지의 높이는 9~20미터로 평균 16미터다.

새끼 똥을 물고 날아가는 부모 새의 대단한 육아 스킬

둥지가 완성되면 드디어 육아의 시기다. 육아는 알을 품는 시기(4~5월), 새끼를 키우는 시기(5~6월), 어린 새가 둥지를 떠나는 이소 시기(6~7월), 교육하는 시기(7~9월)로 나뉜다. 새끼를 어엿한 한 마리의 새로 키우는 데에 이만큼의 시간이 걸린다.

까마귀 알은 큰부리까마귀 23그램, 까마귀*Corvus corone* 20그램이다. 메추리알의 약 2배 크기로 연한 초록에 검은 점이 있어 군복과 비슷하다. 까마귀는 보통 알을 2~5개 낳는다. 알을 품는 시기(산란, 포란)는 약 20일간으로 다른 새들과 비슷하고, 암컷이 알을 품는 동안 수컷은 열심히 먹이를 나른다. 새끼가 알을 깨고 나온(부화) 후 둥지를 떠날 때까지 한 달 반 정도 걸린다.

부화하기 위해서 알을 품어 따뜻하게 하는 일을 포란이라고 한다. 순차적 포란은 알이 나오는 대로 따뜻하게 앉아 품는 것이며. 이후에 만약 새끼 5일간 알을 낳는다면 처음 알을 깨고 나온 새끼와 마지막으로 나온 새끼는 5일 정도의 차이가 난다. 모두 부화하고 나면 먹이를 많이 먹는 새끼와 조금 먹는 새끼를 알아낼 수 있다. 부모 새는 능숙하게 먹이를 나누어 준다. 까마귀와 달리 청둥오리, 꿩 등은 알을 다 낳은 후에 한꺼번에 품고 한꺼번에 부화시킨다. 이럴 경우 한 번에 많은 새끼를 돌봐야 하므로 육아가 매우 힘들다.

암컷과 수컷 모두 먹이를 나르고 먹인다. 한 마리는 둥지 주변에서 망을 보고, 다른 한 마리는 먹이를 찾으러 나가는 가사 분담을 한다. 까마귀는 온몸이 검은색이지만 막 부화한 새끼는 다른 새끼들처럼 깃털 없이 분홍색이다. 그야말로 '아기'다. 그러나 며칠 지나면 피부가 검게 변하면서 깃털이 난다. 아직 깃털이 나지 않은 분홍색 피부와 확실히 비교가 된다.

새끼들은 무럭무럭 자란다. 부모 새가 먹이를 물고 와서 둥지 테두리에 앉으면 새끼들은 큰 입을 벌리고 조른다. 먹이 주는 순서를 어떻게 정하는지 알 수는 없지만 부모 새는 한 마리의 새끼에게 먹이를 주고 날아간다. 둥지에 부모 새가 없을 때도 있는데 부모 새는 둥지가 보이는 범위 내의 빌딩 옥상 혹은 나무 위에서 눈을 부릅뜨고 지켜보고 있다. 이 시기 까마귀의 경계심은 최고조여서 둥지 근처를 지나가는 사람들을 공격하니 주의해야 한다.

한창 육아 중인 둥지의 위생 관리는 감탄할 정도다. 일단 새끼들이 둥지 안에서 배설을 하지 않는다. 새끼가 허리를 들고 똥을 싸려고 하면 부모 새가 엉덩이(총배설공)에서 떨어지는 똥을 물고 밖으로 간다. 새끼도 기특하다. 부모 새가 없으면 엉덩이를 둥지 밖으로 내민 채로 힘껏 똥을 싸 똥을 둥지 밖으로 떨어뜨린다. 이렇게 둥지의 청결을 지킨다. 새끼의 똥을 엉덩이에서 빠르게 받아 물고 날아가는 부모 새를 보는 것은 감동이다.

번식기에 보이는 까마귀 부모와 자식. 감시는 수컷과 암컷이 교대로 한다.

까마귀의 육아. 새끼는 부모 새의 보호를 받으며 성장한다. 사진은 둥지 안으로 똥이 떨어지기 전에 똥을 물기 위해 부모 새가 부리를 새끼의 엉덩이에 갖다 대는 순간이다.

한 번의 포란과 순차적 포란

알을 품고 따뜻하게 부화시키는 포란의 방법은 2가지다. 한 번의 포란과 순차적 포란이다.

한 번의 포란은 알을 모두 낳을 때까지 있다가 한꺼번에 알을 품는 방법이다. 예를 들어 청둥오리는 알을 하루에 1개씩 낳는데 여러 개의 알을 다 낳으면 알을 품기 시작한다. 이 방법은 부모 새를 중심으로 본다면 먹이만 풍부하다면 한 번에 육아가 끝나기 때문에 어떤 의미로는 합리적이다. 그러나 매우 강하고 튼튼한 새끼가 하나 있다면 다른 새끼들에게 먹이가 가지 않을 수 있다. 부모 새도 한 번에 많은 새끼에게 먹이를 주어야 하므로 먹이를 나르는 횟수도 많고 매우 바쁜 육아가 된다. 또한 천적이나 재해 등으로 새끼가 모두 죽을 수도 있다. 참새, 청둥오리, 물떼새 등이 이런 방법으로 알을 품는다.

순차적 포란은 알을 낳자마자 품는다. 알을 하루에 1개씩 낳는다면 먼저 낳은 알이 나중에 낳은 알보다 일찍 부화한다. 까마귀는 순차적 포란을 한다.

왜 까마귀는 이런 습성을 가지게 됐을까? 만약 늦게 부화한 새끼가 죽는다면 부모가 가져온 먹이를 먼저 부화한 새끼가 많이 먹을 수 있을 것이고 그러면 잘 성장할 수 있다. 혹독한 자연 속에서 먹이가 풍부하지 않다 보니 처음 태어난 한두 마리의 새끼만이라도 확실히 살아남게 하려는 전략일 것이다. 그래서 나중에 낳은 알은 부화시키지 않든가 새끼가 나와도 키우지 않는 경우도 많다. 반면 마지막 새끼를 키울 즈음에는 먼저 부화한 형제들이 둥지를 다 떠났기 때문에 형제들 먹이까지 받아먹어 충분히 성장할 수도 있다.

까마귀는 2~5개의 알을 낳고, 부화한 새끼의 약 57퍼센트가 무사히 둥지를 떠난다. 도쿄 등지에 까마귀가 점점 느는 이유는 도시는 먹이가 풍부하고 서식 환경이 좋아서 살릴 수 없는 새끼도 훌륭하게 성장하기 때문일 것이다. 까마귀의 순차적 포란은 자손을 남기려는 합리성에서 생긴 것이라고 볼 수 있다.

이게 다 부모 새 덕분이다

새끼 까마귀는 둥지를 바로 떠나지 못한다. 새끼가 성장하고 둥지를 떠나는 시기가 되어 둥지를 나와도 일주일 정도는 둥지 주변을 맴돌든가 나뭇가지 위를 위험하게 걸어 다닌다. 심지어 나뭇가지에서 떨어지는 까마귀도 있다. 둥지에서 조금 떨어진 장소까지 부모 새와 함께 날다가 도중에 땅에 내려앉아 다시 날지 못하는 새끼도 있다. 매년 상담이 여럿 들어온다.

'까마귀 새끼를 보호하고 있는데 어떻게 하면 좋을까요?'

'까마귀 새끼가 마당에 들어왔는데 어떻게 하면 좋을까요?'

야생 조류의 새끼는 원래 자연에 맡기는 것(사람 손 안 타게 그대로 두는 것)이 가장 좋다. 하지만 그대로 두고 보기 어려워 보호하고 있는 사람들이 있다. 관련 법률이 있어서 까마귀라고 해도 수렵 시기 이외에는 무단으로 잡아서는 안 된다(8장 참조). 하지만 선의로 보호하고 있는 야생 조류를 그대로 두는 것도 옳지 않아 연구 목적의 포획이라는 이름으로 새끼들을 맡기도 한다.

한 보고서에 따르면 큰부리까마귀 87퍼센트, 까마귀*Corvus corone* 76퍼센트가 번식에 성공한다. 둥지 떠나기에 성공한 새끼는 큰부리까마귀 2.6마리, 까마귀 2.4마리다. 적어도 2마리 이상의 새끼가 독립에 성공한다. 부모 새들이 새끼들을 훌륭하게 키웠음을 알 수 있다.

둥지를 떠나고도 부모에게 3개월이나 더 배워야 독립

둥지 떠나기에 실패해서 학교로 데리고 온 새끼들은 부모 새의 교육이 아닌 연구실의 연구에 투입된다. 어린 까마귀에게 영재교육을 하면 진짜 엘리트 까마귀가 될까 크게 기대한 적도 있다. 그러나 얕은 생각이었다. 까마귀도 인간처럼 초기 단계의 교육이 매우 중요하다. 둥지를 떠난 후 부모 새에게서 교육을 받지 못한 새끼 까마귀는 실험에 그다지 도움이 되지 않는다. 실험용으로 만든 먹이 상자로 다가가려는 행동력도 없고 호기심도 없는 얼간이로 자란다. 또한 까마귀 육아에 인간이 적극적으로 관여하면 까마귀의 자율성도 키울 수 없다. 아마도 지능이 높은 동물일수록 이런 경우가 많을 것이다.

자연에서의 까마귀는 둥지를 떠난 후의 교육 기간 동안 부모 새에게 먹이 잡는 법, 위험을 회피하는 법 등을 배우면서 처음으로 호기심과 용감한 행동을 배운다. 새끼가 둥지를 떠난 후의 교육 기간 동안 부모와 함께 날아다니면서 많은 경험을 하고 자연에서 살아남는 법 등을 배우는 것이다. 겉모습은 다 큰 어른처럼 보여도 교육을 받는 동안에는 부모 새에게 먹이를 받아먹는다. 사람으로 치면 겉모습은 어른이지만 아직 부모님의 도움을 받아야 하는 사회에 나가기 전의 대학생과 같다.

멋진 까마귀가 전선, 나무, 지붕 위에 있는 날개를 가볍게 털면서 부모에게 응석을 부리며 보살핌을 받는 모습을 볼 수 있다. 이는 독립하기 전의 새끼 까마귀다. 어린 새가 부모 새로부터 완전히 독립하는 시기는 둥지를 떠나고 난 후 90일 후라는 보고가 있다. 꽤 긴 기간이다. 까마귀는 둥지를 만들고 육아를 마치기까지 6개월 정도의 시간을 투자하는 이런 생을 반복한다. 요즘은 인간도 교육, 취업, 결혼 때까지 긴 시간 자녀를 보살핀다. 자녀 돌봄의 기간이 까마귀나 사람이나 비슷한 것 같다.

육아가 끝난 후

까마귀의 육아는 여름이 끝나갈 무렵 끝이 난다. 육아가 끝난 까마귀는 가을부터 다음 번식기까지 무리를 짓고 공동의 잠자리를 만들며 집단행동을 한다. 봄에 태어난 새끼들은 어린 새(유조)가 된다. 어린 새의 부리 주변(사람으로 치면 입가장자리다)은 6월 하반기부터 7월 초순까지 옅은 노란색을 띠지만, 색이 점점 사라지고 검은색이 된다. 여름부터 가을까지 부리 안이 빨간색에서 옅은 분홍색 혹은 흰색이 조금 섞인 검은색이 된다. 그러다가 어른 새(성조)가 되면 검은색을 띤다. 이처럼 부리 주변의 색으로 까마귀의 연령을 어느 정도 추측할 수 있다.

3 지역과 계절에 따른 식성의 변화

잡식성 까마귀의 1년치 밥상 스케줄

까마귀는 육식성도 초식성도 아니다. 뭐든지 먹는 잡식성이다. 물론 채소랑 고기 중에 선호하는 것은 있다. 큰부리까마귀와 까마귀의 식성도 조금 다르다. 큰부리까마귀는 작은 새의 새끼나 알, 개구리, 동물 사체 등 고기를 좋아하지만 축산 농가가 있는 지역에서는 가축 사료에 들어 있는 옥수수 등을 선택적으로 먹는다. 그외 포도, 버찌, 수박 등 농작물, 음식물 쓰레기, 물고기 등 부리가 닿는 곳이라면 무엇이든 먹는 걸 보면 호불호가 없는 것 같기도 하다. 도심의 음식물 쓰레기를 어지럽히는 까마귀들은 사람과 같은 것을 먹는다고 볼 수 있다. 시골에 사는 까마귀와 큰부리까마귀를 중심으로 제철 음식을 맛보는 까마귀의 식성에 관해 연구했다.

4~5월은 까마귀가 새끼를 키우는 시기여서 부모 새는 식성이 왕성한 새끼들의 먹이와 자신들이 먹이를 모두 찾아야 한다. 4~5월은 대부분의 농작물이 싹을 틔우고 열매를 맺기 시작한다. 그런데 까마귀가 방금 뿌린 볍씨 등을 먹기 때문에 모가 뽑히기도 해서 머리를 싸매는 농부들이 많다. 까마귀는 논에 사는 수생곤충의 애벌레도 먹어서 이 시기 까마귀의 위를 조사해 보면 수생곤충의 애벌레로 가득 차 있다. 큰부리까마귀는 개구리와 지렁이, 참새와 제비 알과 새끼 등을 좋아한다. 이들의 위 내용물을 보면 아직 소화가 덜 된

개구리 다리, 작은 새의 깃털 등이 나온다. 이 시기는 큰부리까마귀, 까마귀 *Corvus corone* 모두 단백질원을 매우 풍부하게 제공받는 시기임에는 틀림없다.

6~8월이 되면 곤충 종류도 많아져서 까마귀의 위는 새로운 식재료로 채워진다. 이 시기에는 층층나무 열매도 잘 먹고 수박도 즐겨 먹는다. 파헤쳐지고 깨진 수박은 주로 큰부리까마귀가 먹은 것이다.

지역에 따라 시기는 조금 다르지만 8~10월이 되면 과일 수확 시기다. 포도, 배, 감, 사과 등은 까마귀가 대부분 좋아하는 먹이다. 9~10월에 메뚜기 조림을 파는 지방에서는 까마귀도 반날개벼메뚜기를 자주 먹는다.

관동 지방에서는 10~11월에 땅콩 수확을 시작한다. 수확한 땅콩은 말려야 한다. 까마귀도 땅콩을 좋아해 땅콩 밭에 잔뜩 모이기 때문에 농부들은 방조 그물이나 낚싯줄 등 모든 수단을 강구하여 까마귀와 싸운다. 그러나 까마귀도 만만치 않다. 땅콩에 그물을 쳐 놓아도 까마귀들은 트램펄린을 하듯 콩

비가 갠 뒤 벌레를 찾고 있는 까마귀 무리

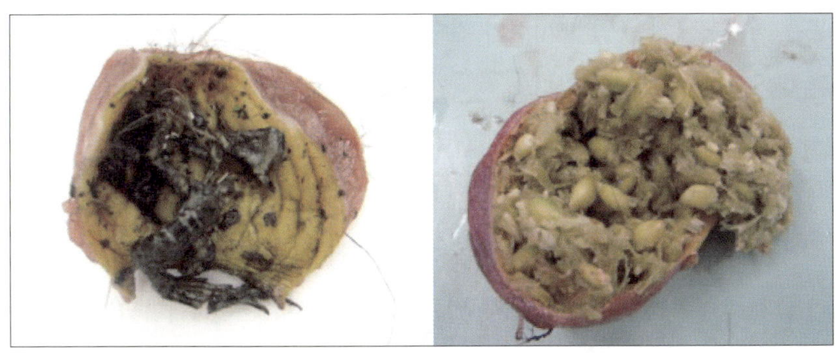

큰부리까마귀의 위 내용물. 왼쪽은 수생곤충의 다리, 오른쪽은 아직 덜 성숙한 보리가 보인다.

콩 뛰면서 부리로 땅콩을 집어먹었다. 눈이 쌓이지 않는 지역에서는 떨어진 낟알이나 싹을 먹는다. 콤바인으로 벼를 베고 그 자리에서 탈곡하면 논에 이삭이나 겨 등이 떨어진다. 예전에는 농부들이 이삭을 줍기도 했지만, 지금은 까마귀의 안정된 먹이가 되고 있다.

12월부터 이듬해 3월까지는 먹이가 부족하여 까마귀에게는 수난의 계절이다. 한 살 미만의 어린 새는 아사하는 경우가 많다. 이 시기 각 가정에서 나오는 음식물 쓰레기는 까마귀들에게는 중요한 영양 공급원이다.

지역에 따라 식성도 달라진다

까마귀의 먹이는 당연히 장소에 따라 다르다. 바다에서 잡아 올린 물고기, 그물 사이에서 삐져 나온 물고기도 좋은 먹이다. 조개도 잘 먹는다. 내가 사는 도치기현에는 큰 하천이 있는데 비가 많이 내린 다음 물이 빠지고 나면 죽은 물고기가 강변에 널려 있다. 이를 먹으려고 많은 까마귀가 날아온다. 까마귀는 기름진 것도 좋아한다. 튀김, 콩, 생선살을 준비해 놓으면 가장 먼저 튀김을 부리로 집는다. 연구실에서는 까마귀 연구 외에 염소의 신경과 말의 눈 등도 연구하고 있다. 동물 해부를 많이 하니 해부한 후 지방이 붙은 조직

등을 까마귀에게 주면 모처럼의 진수성찬을 남에게 뺏기지 않으려는 듯 얼른 다가와 부리로 물고 간다.

계절에 좌우되지 않는 메뉴

인간은 가을에는 꽁치, 봄에는 두릅 등 제철 식재료를 즐긴다. 물론 피자, 파스타, 햄버거 등 연중 먹을 수 있는 음식도 많다. 큰부리까마귀는 봄에는 부드러운 육질의 올챙이, 새 알 등을 먹는다. 그들에게도 햄버거처럼 계절에 좌우되지 않는 음식이 많다. 장소에 따라 다르지만 큰 양계장 근처의 큰부리까마귀는 달걀을 자주 훔친다. 가축 사료에 많이 들어 있는 옥수수도 그렇다. 동물원 근처에 있는 까마귀는 동물들의 먹이를 훔쳐 먹는다. 최근에는 쓰레기 관리가 엄격해져서 도쿄에서는 줄어들었지만 지방에서는 쓰레기장의 음식물 쓰레기도 맘만 먹으면 연중 손에 넣을 수 있는 먹이다. 눈이 안 내리는 지역에서는 낟알도 겨울 시기의 먹이다. 먹이가 적은 시기에는 까마귀가 낟알을 꼼꼼히 찾아 먹는 모습을 볼 수 있다. 마치 낟알 한 알에 깃든 농부의 수고를 아는 것처럼!

4 까마귀는 죽지 않는 불사조인가?

까마귀를 불사조라고 생각하는 이유는 '있다'

까마귀의 수명은 어떻게 될까? 전문서를 찾아보면 5~6살부터 20살까지 폭이 너무 넓다. 어디에도 이렇다 할 과학적인 근거는 표시되어 있지 않다.

막연하게 사람들이 까마귀가 오래 산다고 생각하는 이유는 까마귀 사체를 본 적이 없기 때문이 아닐까 싶다. 내가 사는 우츠노미야 근교에서는 시골 까마귀(까마귀)를 매일 볼 수 있다. 근처 공업단지에 있는 송전탑 전선에 수백 마리씩 무리 지어 앉아 있다. 그런데 10년 동안 매일 아침 일찍 산책하면서 본 까마귀 사체라고는 논두렁에서 본 2마리뿐이다. 까마귀를 연구해 온 나조차 까마귀 사체를 본 경험이 이게 전부다.

까마귀는 사람들에게 죽은 모습을 보여 주지 않고 반대로 사람이 죽으면 다가오기 때문에 불사조 같은 존재가 된 것이 아닐까? 까마귀라고 죽지 않을 리가 없다. 큰 숲에는 까마귀의 사체가 있겠지만 사람들이 들어가지 않으니 눈에 잘 띄지 않는 것이다.

까마귀 사체를 볼 수 없는 또 다른 이유도 있다. 사체를 다른 까마귀들이 먹기 때문이다. 일반적으로 조류는 같은 종끼리 서로 잡아먹지 않는다고 알려져 있지만 까마귀는 서로 잡아먹는다. 연구실에서 같은 우리에 까마귀 몇 마리를 넣었는데 그중 두 마리가 싸워서 한 마리가 죽은 적이 있다. 그때 이긴 까마귀와 나머지 까마귀들이 죽은 까마귀를 남김없이 먹었다. 죽은 동물의 고기를 먹어 치우는 본능에서 나온 행동일 것이다.

수명을 예측할 수 있는 과학적인 접근 방법 2가지

까마귀의 수명을 예측할 수 있는 과학적인 접근 방법은 2가지가 있다.

첫 번째는 생물의 최장 수명을 성성숙에 달하는 연령의 5~6배로 계산하는 방법이다. 이 접근법은 일반적으로 포유류를 사육한 경험을 통해 나온 것이다. 예를 들어 인간 여성의 경우 생리가 안정되는 시기가 14~15살이라고 한다면 수명은 최대 90살이다. 까마귀는 2년째 되는 번식기에 성성숙을 하므로 수명은 10~12살 정도가 된다. 포유류에 사용하는 방법을 조류에 활용한 것이다.

두 번째는 심박수로 산출하는 방법이다. 어느 동물이든 평생 심박수는 약

15억 회로 정해져 있는 듯하다. 수명을 심心주기(1회 심장 수축과 이완 과정)로 나누면 15억이라는 수치가 구해진다. 까마귀의 심박수는 확실히 알려져 있지 않지만 청둥오리나 비둘기 등 일반적인 조류의 심박수는 분당 150~250회다. 까마귀의 심박수를 분당 200회라고 하고 15억 ÷ (200회 × 60분 × 24시간 × 365일)로 계산하면 대략 14년이 된다. 이 결과는 대략적인 수치이지만 성성숙으로 구한 값과 비교하면 비슷하다. 실제로 8살이 된 큰부리까마귀를 양도받아서 4년을 더 키운 적이 있다. 그 큰부리까마귀의 수명은 약 12년이었다.

그러나 실제로는 어느 쪽 방법을 사용해도 계산대로 나오지 않는다. 세계보건기구가 발표한 2016년의 일본인 평균 수명은 남성이 80.5세, 여성이 86.8세다. 현역 의사로서 105세까지 활약한 성루카국제병원의 명예 원장인 히노하라 시게아키 선생님과 장수 자매로 유명한 김金 할머니와 긴銀 할머니처럼 자매가 똑같이 100세 이상 산 분들도 있고, 불의의 사고로 세상을 뜨는 분도 많다. 50년 전 일본에서는 유아 사망률이 높아 유아 사망률 0퍼센트를 목표로 한 지자체도 있었다. 이러니 야생 까마귀의 수명은 호적등본도 없어 파악할 방법이 없다. 까마귀의 유아 사망률인 부화 시 폐사율, 둥지 떠나기 실패 비율 등의 통계도 없다. 부화 후 독립을 하지 못한 새끼와 독립 후에도 제대로 성장하지 않은 어린 새도 있어서 까마귀의 평균 수명은 계산상의 수명보다 매우 짧을 수 있다.

3장

까마귀의 몸

1 뼈로 보는 까마귀의 특별함

구멍이 숭숭 뚫린 새의 뼈

3장에서는 해부학을 중심으로 까마귀의 골격과 깃털, 부리, 소화기관과 생식기 등의 내장에 대해 살펴본다. 큰부리까마귀와 까마귀*Corvus corone*의 골격은 큰 차이가 없어서 둘을 묶어서 까마귀라고 부를 것이다. 새는 하늘을 날기 때문에 당연히 몸이 날기 좋은 구조로 되어 있다. 특히 새의 몸은 축이 되는 골격이 중요하다.

까마귀만이 아니라 모든 새의 골격은 가볍다. 인간의 뼈 중량은 체중의 약 18퍼센트이다. 체중이 70킬로그램이면 뼈 중량은 12.6킬로그램이다. 반면 새의 뼈 중량은 체중의 겨우 5퍼센트다. 예를 들어 까마귀의 체중이 650그램이라면 뼈 중량은 약 32그램이다. 새의 뼈가 이렇게 가벼운 이유는 포유류의

뼈처럼 뼈 안이 치밀한 조직으로
이루어지지 않았기 때문이다. 새
의 뼈는 구멍이 숭숭 뚫려 있다.
강도가 걱정되지만 다행히 숭숭
뚫린 구멍 안에 작은 뼈 기둥이
서로 교차되어 있어서 보강이 된
다. 내부에 작고 가는 뼈 기둥과
그 사이의 빈 공간 덕분에 가벼
워도 비행을 견딜 수 있다.

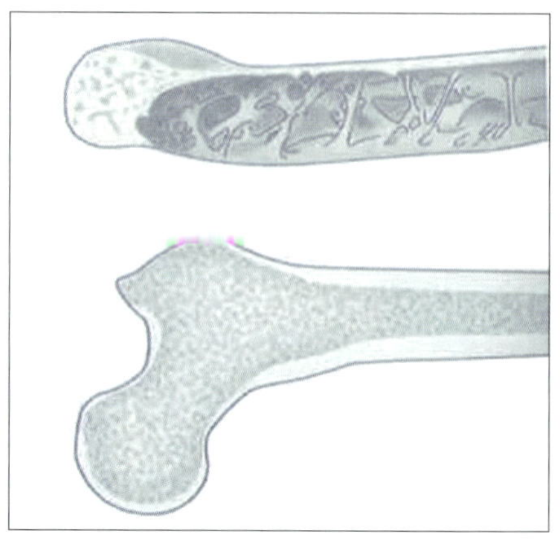

새의 뼈(위)와 포유류의 뼈(아래). 새의 뼈는 빈 공간
이 많으며 내부는 작은 기둥 구조로 보강되어 있다.

융합된 단 1개의 까마귀 머리뼈

인간의 전신 골격은 206개의 뼈로 이루어져 있고, 그중 머리뼈는 22개
(머리뼈는 목불뼈를 포함해서 23개이지만 통상 22개로 한다)다. 반면 까마귀의
머리는 20여 개의 뼈가 융합(인접한 뼈들이 뼈조직에 의해 합쳐져서 관절을 형
성하는 현상)되어 1개의 뼈로 되어 있다. 까마귀의 머리뼈를 자세히 보면 각
각의 뼈가 붙은 희미한 경계선이 보인다. 이 각각의 뼈는 융합 전의 이름으
로 불린다.

머리뼈는 뇌를 보호하고 지키는 뇌머리뼈(전두골, 두정골, 측두골 등), 얼굴
윤곽을 만드는 얼굴뼈(비골, 상악골 등)로 나뉜다. 까마귀의 뇌머리뼈는 둥글
고 부푼 모양이며 뼈가 얇다. 뇌 용량을 가능한 한 크게 한 결과로 보인다. 닭
의 뇌머리뼈는 까마귀보다 작고 두께가 있어 안쪽 공간이 좁지만 뇌가 까마
귀보다 작아서 문제가 되지 않는다.

뇌머리뼈와 얼굴뼈의 경계 부근에는 부리죽지가 있는데 큰부리까마귀와
까마귀*Corvus corone*의 차이가 있다. 까마귀*Corvus corone*의 이마는 완만하지만 큰

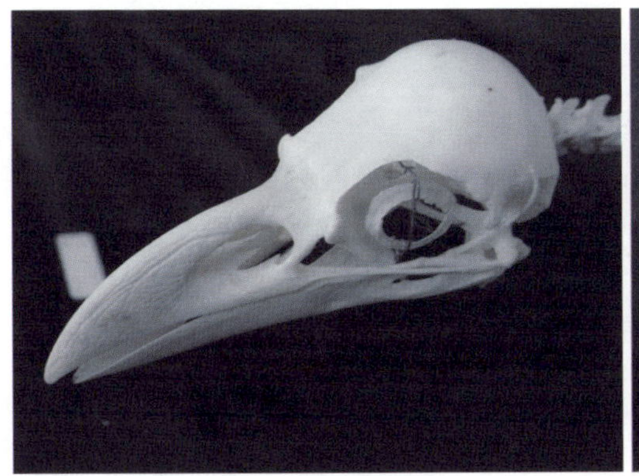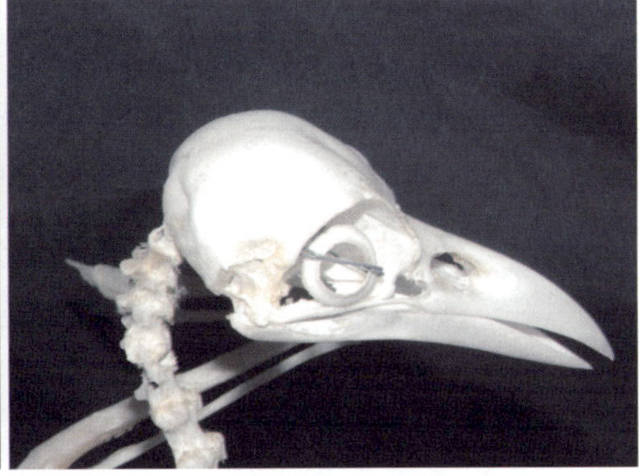

큰부리까마귀(왼쪽)와 까마귀*Corvus corone*(오른쪽)의 머리뼈. 눈 근처에 있는 원형의 뼈가 공막고리뼈다.

부리까마귀의 이마는 봉긋하다.

부리를 만들고 있는 것은 앞위턱뼈(절치골)다. 위턱(상악)은 앞위턱뼈로 덮여 있다. 머리 쪽에는 코뼈 등이 보이지만 이마뼈(전두골)라는 머리뼈와 융합되어 있어서 단독으로 구분하기는 쉽지 않다.

아랫부리는 포유류의 아래턱뼈(하악골)에 해당하는 뼈로 형성된다. 큰부리까마귀는 달걀을 물거나 개구리나 작은 새 등을 통째로 삼킬 만큼 입을 크게 벌릴 수 있다. 이렇게 입을 크게 벌릴 수 있는 것은 위턱과 아래턱을 잇는 관절에 비밀이 있다. 포유류는 대부분 아래턱과 관절이 직접 연결되어 있으나 조류나 파충류 등의 턱뼈에는 방형골方形骨이라는 뼈가 위턱과 아래턱 사이에 들어 있다. 방형골이 턱의 가동 범위를 넓혀 준다.

새 머리뼈의 특징인 공막고리뼈sclerotic ring는 안구의 공막(각막을 제외한 눈알의 바깥벽 전체를 둘러싸고 있는 막)이 뼈조직으로 만들어지면서 링 형태의 구조물이 된 것이다. 안구의 일부여서 머리뼈와는 관절로 이어지지 않는다. 새의 골격 표본을 보면 안구가 있던 자리에 링 형태의 것이 철사 등으로 고정되어 있다. 공막고리뼈는 새 눈 안의 수정체 두께와 각막의 굴절을 변화시키는 근육을 붙이기 위한 구조물이다.

새는 하늘 높은 곳에서 지상에 있는 먹이를 발견하고 급강하하여 먹이를 잡는다. 결국 새의 눈 수정체는 망원경에서 접사 렌즈로 바뀌는 움직임이 수시로 필요하기 때문에 근육이 발달했다. 공막고리뼈는 근육의 교차 지점이 되는 뼈이기도 하다. 까마귀도 다른 새도 똑같이 눈이 매우 좋으며 날아다니는 높이에서의 시점과 지상으로 내려올 때의 시점을 맞추어 수정체를 매우 빠르게 조절한다(5장 참조).

360도 가능한 까마귀 시야의 비밀은 목뼈에 있다

까마귀는 척추동물이다. 당연히 사람처럼 척추가 있다. 사람의 척추는 목뼈 7개, 등뼈 12개, 허리뼈 5개, 엉치뼈 5개, 꼬리뼈 3~4개로 구성된다. 까마귀는 어떨까? 목뼈는 13개, 등뼈는 7개다. 허리뼈는 12개이지만 융합되어 하나다. 꼬리뼈 중 엉치뼈(천골)에 가까운 쪽은 엉치뼈와 융합되어 하나의 뼈로 되어 있다. 제7등뼈부터 꼬리뼈까지 융합되어 있는데 이 부분을 '복합천골'이라고 한다. 이는 조류만 가지고 있는 특징이다. 거기에 좌우 엉덩뼈가 그것을 덮는 것처럼 부착되어 있고, 견고한 허리 골격인 허리엉치뼈lumbosacral(요천골)를 형성한다. 허리엉치뼈는 코르셋을 찬 것처럼 가슴뼈, 허리뼈, 골반이 일체화되어 가슴부터 허리까지 하나의 축을 형성한다.

까마귀뿐만 아니라 모든 조류는 축이 되는 척추가 대부분 융합되어 있어서 움직이지 못한다. 몸의 축을 고정해서 하늘을 날 때 몸을 곧게 유지하는 데 에너지를 쓰지 않고 균형을 잘 잡을 수 있도록 돕는 역할을 하는 것으로 보인다. 하지만 불합리한 면도 있다. 예를 들어 뒤쪽을 보려고 해도 몸이 곧아 몸을 돌려 뒤를 볼 수 없다. 개나 고양이는 몸을 돌려 시야를 넓게 확보하지만 새는 그렇지 못하다. 그럼에도 까마귀의 시야는 넓다. 어떻게 그럴 수 있을까? 까마귀의 시야를 넓혀 주는 건 목뼈다. 까마귀의 목뼈는 13개로 포

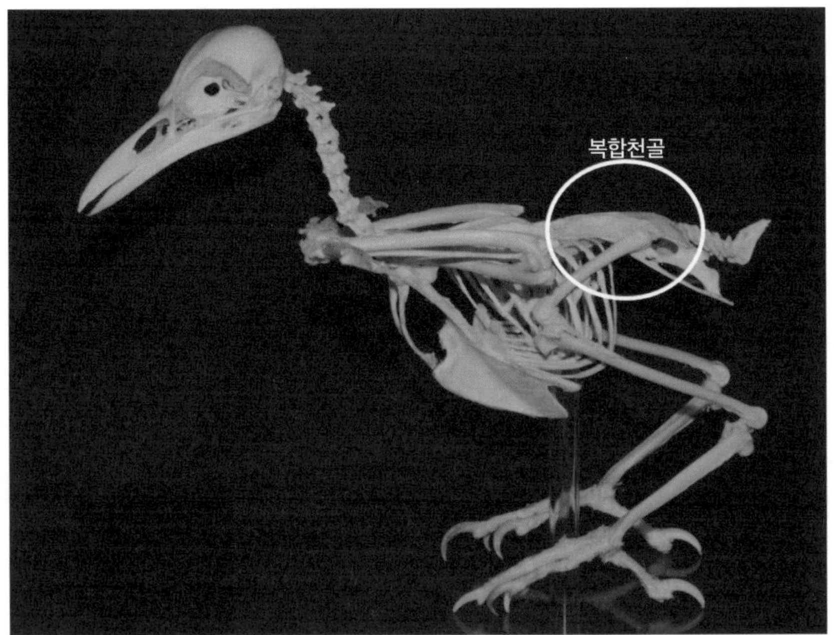

까마귀의 골격

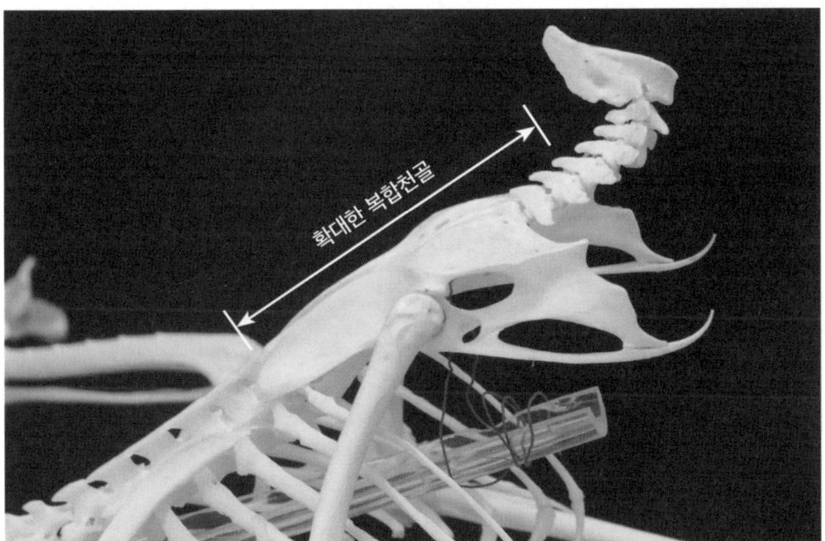

복합천골. 코르셋처럼 가슴에서 허리까지 고정해 준다.

유류보다 많고, 뼈 하나하나가 독립적으로 이루어져 있어서 자유롭게 움직일 수 있다. 목이 유연하여 까마귀는 시야를 360도 확보할 수 있다. 참고로 까마귀보다 목이 긴 타조는 목뼈가 25개다.

날개를 움직이려면 강한 근육이 필요하다

새가 하늘을 날려면 날개를 움직이는 강한 근육이 필요하다. 근육은 뼈에 부착되어 있다. 나는 데 필요한 근육이 많이 붙어 있는 곳은 용골돌기로 가슴뼈(흉골) 중앙부에 칼처럼 튀어나온 곳이다. '비둘기가슴'이라고도 한다. 영양 상태가 나쁘면 이 가슴뼈에 부착된 근육이 말라 뼈를 쉽게 만질 수 있으므로 까마귀의 영양 상태를 조사할 때 점검 사항이다.

새들은 날기 위해 날개를 크게 퍼덕인다. 그것을 가능하게 하는 것이 부리돌기coracoid process(오훼골)와 유합쇄골furcula(창사골 혹은 차골)이다. 이 2개의 특수한 뼈와 어깨뼈(견갑골)가 날개를 움직이는 위팔뼈(상완골) 관절의 가동 범위를 넓혀 준다. 참고로 가축은 대부분 부리돌기도 쇄골도 없어서 위팔뼈의 움직임이 2차원적(앞다리)으로 한정되어 있다. 그에 비해 인간은 쇄골이 있어서 가축보다는 위팔의 가동 범위가 넓고 포옹 등 3차원적인 움직임도 가능하다.

홰를 치는 것 역시 날개다. 날개와 관련이 있는 뼈는 아래팔뼈(전완골)(노뼈과 자뼈), 손목뼈(수근골), 손허리뼈(중수골), 손가락뼈(지골)다. 이 뼈들은 사람 뼈와 이름이 같다. 사람과 비교하면 개수가 적은 뼈도 있지만, 까마귀도 사람처럼 필요한 뼈를 갖추고 있다. 날개를 퍼덕일 때는 위팔뼈가 중심이 된다. 위팔뼈는 어깨뼈, 부리돌기와 관절로 이어져 있고 몸통과도 이어져 있다. 날개를 올렸다가 내렸다가 하는 팔 근육은 이 뼈와 가슴뼈에 붙어 있다.

날려면 첫째날개깃, 둘째날개깃이 필요하다. 둘째날개깃은 자뼈(척골), 첫

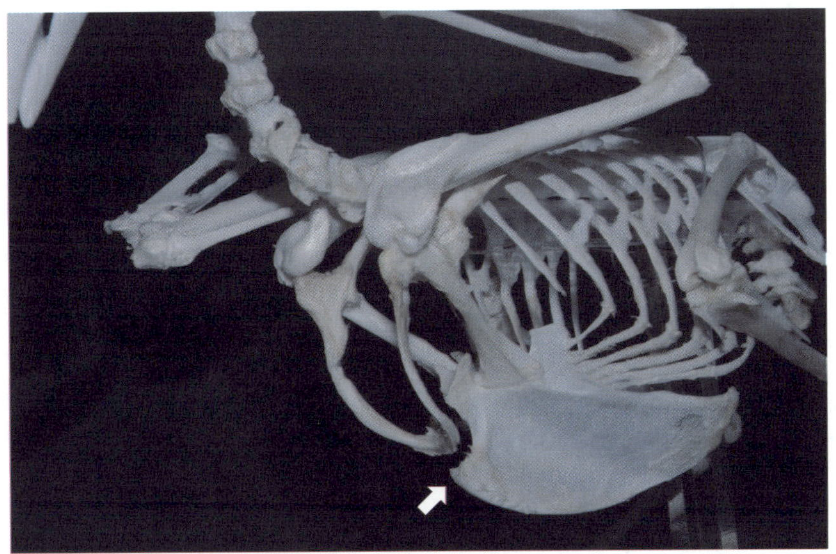

용골돌기(화살표). 이 커다란 뼈에는 나는 데 필요한 근육이 붙어 있다.

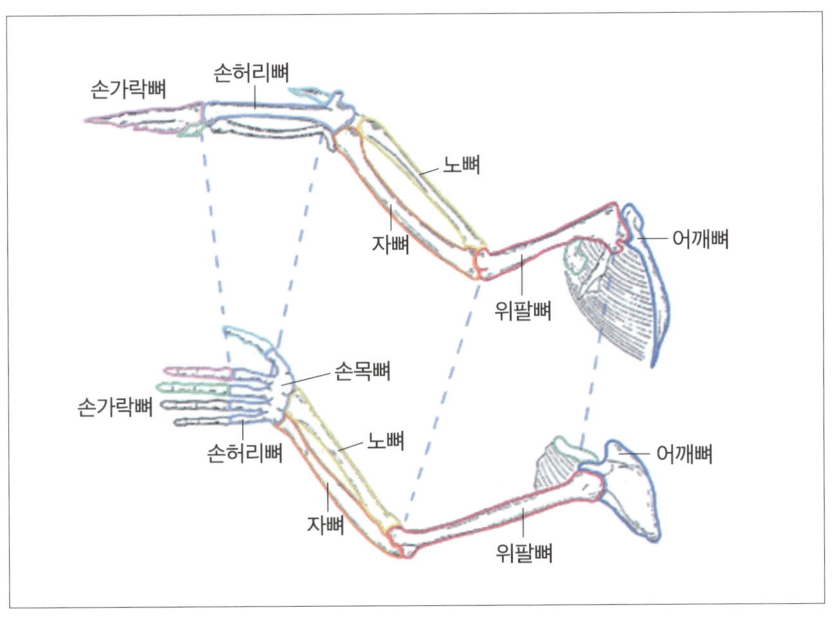

까마귀(위)와 사람(아래)의 팔 골격 비교

째날개깃은 손허리뼈에서 손가락뼈까지 붙어 있다. 첫째날개깃과 둘째날개깃의 경계 부근에는 손목뼈가 있다. 사람의 몸으로 이야기하면 팔꿈치부터 손가락 끝까지 날개깃이 붙어 있는 것이다. 부리돌기와 손허리뼈의 몸통에 가까운 뼈 사이에는 날개를 펼칠 수 있는 익막징근翼膜張筋이 있어서 날개 가장자리를 잘 펼칠 수 있도록 해 준다.

까마귀 다리에는 왜 깃털이 없을까?

까마귀의 다리뼈는 몸통에 가까운 쪽부터 넙다리뼈(대퇴골), 정강뼈와 종아리뼈(하퇴골), 발허리뼈(사람의 발가락뼈 안쪽에 있는 다섯 개의 뼈가 해당된다), 제1~4개의 발가락뼈로 이루어져 있다. 사람이 새의 '다리'라고 부르는 것은 사실은 발허리뼈로, 다시 말하면 인간의 발등이 다리가 되는 것이다. 얼핏 보면 발허리뼈와 정강뼈와 종아리뼈의 관절 부분이 무릎처럼 보이지만 이 부분은 인간의 발뒤꿈치와 같은 부위다(까마귀도 발뒤꿈치라고 한다). 넙다리뼈와 정강뼈와 종아리뼈는 대부분 날개와 몸통 깃털에 가려져 보이지 않는다. 따라서 평소에 새의 다리로 보이는 것은 발뒤꿈치에서 발가락뼈까지다.

걷는 데 필요한 근육은 넙다리뼈와 발뒤꿈치 위에 있는 정강뼈와 종아리뼈에 붙어 있다. 거기서 발끝까지에 걸쳐서 발가락을 움직이는 것은 힘줄뿐이다. 즉 우리 눈에 보이는 새의 다리에는 근육이 전혀 없다. '다리비늘'이라는 상피조직이 덮고 있을 뿐, 뼈와 가죽만으로 이루어져 있다. 까마귀는 사람의 발등에 해당하는 5갈래의 발허리뼈가 있는데 하나로 되어 있다. 발가락은 어떨까? 엄지발가락에 해당하는 제1발가락뼈는 뒤에 붙어 있고 차례로 제2~4발가락뼈 3개는 앞에 있다. 이처럼 발가락이 앞뒤로 붙어 있어 나뭇가지에 머물 때에 가지를 세게 잡을 수 있다. 가장 긴 것은 제3발가락뼈이며, 제1발가락뼈에는 큰 갈고리 형태의 발톱이 있다.

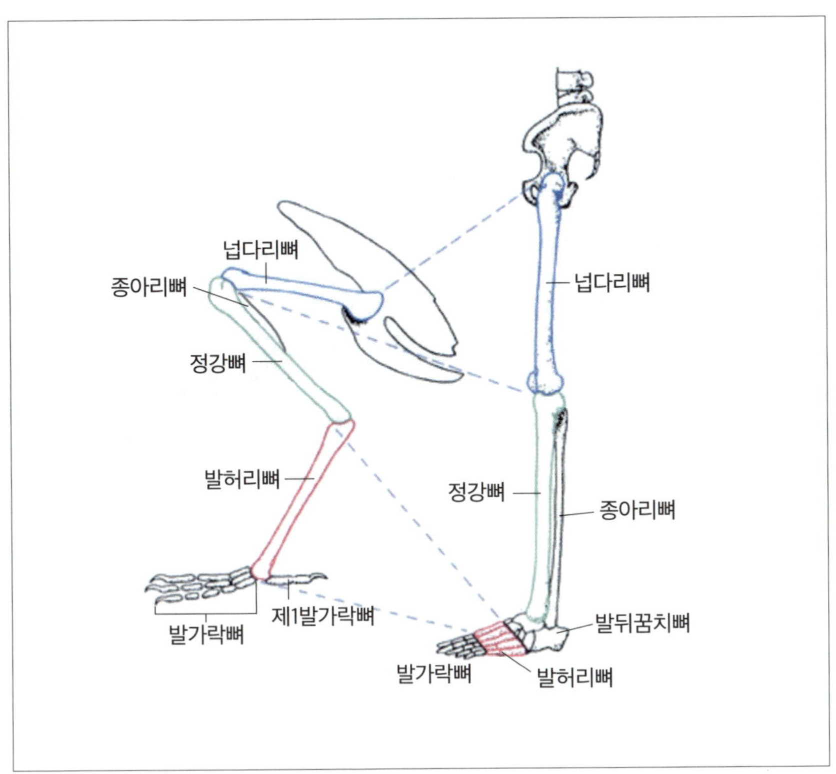

까마귀(왼쪽)와 사람(오른쪽)의 다리뼈

　새의 피부는 대부분 깃털로 덮여 있는데 다리에는 깃털이 없어서 피부가 그대로 노출되어 있다. 까마귀의 다리 부위는 깃털이 아니라 다리비늘이라는 특수한 피부로 덮여 있다. 발뒤꿈치에서 발허리뼈 전체에 걸쳐 6장 정도의 각질판이 기와를 깔아 놓은 듯 배열되어 있다. 뒤에서 보면 한 장에서 여러 장의 각질판으로 덮여 있다. 닭처럼 비늘 상태로 보이지 않고 검은색 일색이어서 갑옷과 투구 장갑처럼 보인다. 발가락도 각질판으로 덮여 있는데 큰부리까마귀와 까마귀*Corvus corone* 사이에 큰 차이는 없다.

　발가락 바닥에는 개와 고양이처럼 발볼록살 같은 조직이 있고 하나하나에

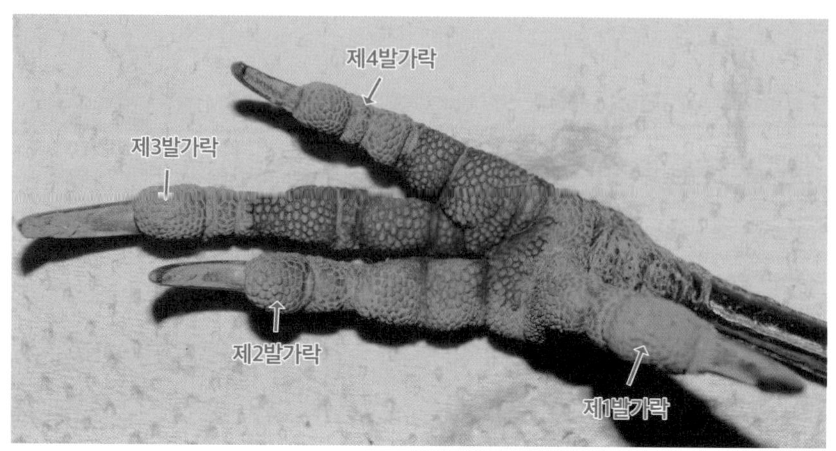

까마귀 발(왼쪽 발). 발볼록살처럼 작은 요철이 많다.

작은 요철이 많이 분포되어 있다. 발볼록살 같은 조직을 패드pad라고 하고, 폭이 300마이크로미터 정도 되는 작은 조직을 유두papillae라고 한다.

발가락 바닥 표면도 각질화된 표피로 되어 있다. 하지만 진피층에는 지방과 탄성섬유 조직이 있어 나뭇가지에 머물 때 충격을 완화해 주고 미끄럼 방지 역할도 하는 것으로 보인다. 깃털 없이 직접 닿는 부분이어서 감각기로서의 역할도 생각할 수 있다.

또한 그대로 노출된 부분은 열 방출에 중요한 역할을 하는 것으로 알려져 있다. 재미있는 것은 까마귀Corvus corone의 경우 발바닥의 패드에 대한 발가락의 면적비는 일정한데, 큰부리까마귀의 경우 체중이 늘어남에 따라 발바닥의 패드가 차지하는 비율이 조금 커진다. 이는 까마귀Corvus corone가 지면을 걷는 경우가 많아서 발바닥과 발가락 비율의 안정이 보행의 안정으로 이어지기 때문이라고 생각한다.

2 날개와 깃털 구조

기와지붕처럼 겹쳐져 있는 깃털

새를 볼 때면 예쁜 색의 깃털이 가장 먼저 눈에 들어온다. 새를 관찰하는 사람들도 새의 지저귐과 귀여운 몸짓, 깃털에 매력을 느낄 것이다. 그런 점에서 보면 온통 검은색인 까마귀는 눈을 즐겁게 하는 새는 아니다. 여기에서는 까마귀의 겉모습인 날개와 깃털을 중심으로 다룰 것이다. 하지만 까마귀 깃털의 검은색이 성적이형성sexual dimorphism이 있다는 사실에 대해서는 뒤에서 다룬다(7장 참조).

까마귀를 등쪽에서 비스듬하게 보면 깃털이 기와지붕처럼 겹쳐져 배열되어 있다. 겹쳐진 선을 기준으로 아래는 날개깃, 위는 날개덮깃이다. 첫째날개깃 위에 겹쳐져 있는 깃털이 첫째날개덮깃, 그 위에 겹쳐져 있는 깃털이 작은날개깃이다. 둘째날개깃 위에 겹쳐진 깃털은 큰날개덮깃, 그 위에 겹쳐진 것이 가운데날개덮깃, 또 그 위는 작은날개덮깃이다.

깃털 크기는 날개깃이 가장 크고 위로 갈수록 크기가 작아진다. 가장 작은 작은날개덮깃은 지붕 맨 위에 기와가 겹쳐져 있는 것처럼 날개깃이 난 곳 위에 바르게 배열되어 있고 날개깃의 움직임과 바람을 뚫고 나가는 것을 조절한다. 깃털은 기와처럼 배열되어 있어서 위에 있는 깃털은 아래에 있는 깃털이 난 부분에 겹쳐져 있어 아래 깃털을 누르는 기능도 한다. 게다가 머리 부분으로 향할수록 깃털은 점점 더 작아지고 비늘처럼 겹쳐진다. 날개와 몸통이 붙은 부위를 보면 어깨깃이라는 작은 깃털이 붙어 있는데 이 부분은 어깨깃이지만 새의 목 부분이다.

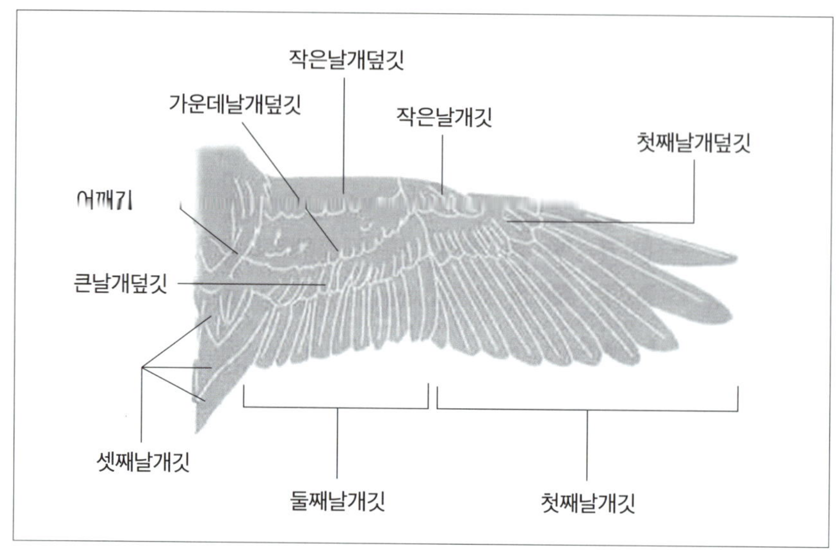

까마귀 날개. 기왓장처럼 규칙적으로 배열되어 있다.

까마귀 머리를 덮는 각종 깃털

관록이 보이는 코깃털(코깃)

까마귀의 콧구멍과 귓구멍은 밖에서 보이지 않는다. 큰부리까마귀도 까마귀*Corvus corone*도 마찬가지다. 물론 콧구멍은 있다. 다만 훌륭한 코깃털(코깃으로도 불린다)로 덮여 있어 보이지 않는다.

까마귀의 코깃털은 가끔 길게 자라서 뽑아낼 수 있는 인간의 코털과 다르다. '코에 뭔가 들어가는 것을 막는다'는 의미로는 공통점이 있지만 코깃털은 털이 나는 부위도 품격도 다르다. 까마귀의 코깃털은 품격이 보인다. 예를 들어 큰부리까마귀의 부리 기부(부리가 붙은 부위)의 앞쪽에서 조금 아래를 보면 깔끔하게 배열되어 있는 정리된 곧은 깃털(긴 것은 2센티미터 정도)이 있다. 이 깃털은 한쪽에만 100개 정도가 있으며 좌우 콧구멍을 덮고 대칭의 8八 자 형태로 있어서 품격을 높인다. 특히 큰부리까마귀의 코깃털은 품격이 남다르다. 해부할 때 코깃털을 뽑은 다음 피부를 보면 그 흔적이 매우 규칙적으로 배열되어 있음을 알 수 있다. 깃털 모근(털이 피부에 박힌 부분) 주위에 감각 수용기가 있음도 알 수 있다. 어떤 감각을 수용하는지 알려고 이때부터 코깃 털을 연구했다.

멋지고 늠름한 귀깃털(귀깃)

까마귀는 귓구멍도 밖에서 보이지 않는다. 물론 귓구멍은 있다. 콧구멍과 마찬가지로 깃털로 덮여 있어 안 보인다. 코깃털은 정면에서 본 까마귀 얼굴 을 훌륭하게 만들어 주고 귀깃털(귀깃으로도 불린다)은 옆얼굴을 늠름하게 만 들어 준다.

까마귀의 옆얼굴을 크게 보면 눈 뒤쪽, 사람으로 치면 광대뼈 부근에서 곧 은 털이 부채 모양으로 뒤로 퍼져 있다. 이 깃털의 흐름은 머리깃털과 달라 사 람에 비유하면 광대뼈에서 부채를 펼쳐 귀를 덮은 것과 같다. 머리에서 목 근 육까지 펼쳐져 있어 까마귀 얼굴을 팽팽하게 보이도록 만들어 품격을 높인다.

큰부리까마귀의 귀깃털은 까마귀*Corvus corone*와 비교해 부리 근처에 나 있 다. 귀깃털은 코깃털보다 크기와 모양이 다양하고 아래로 갈수록 짧아지고, 끝이 가지처럼 갈라진다.

까마귀의 얼굴 주변 깃털. 멋 진 수염 같은 코깃털과 양쪽 의 귀깃털이 멋지다.

올백 머리깃털(머리깃)

까마귀의 머리깃털(머리깃으로도 불린다)은 올백 스타일이다. 큰부리까마귀는 부리에서 머리까지의 부위가 볼록 튀어나와 머리깃털의 일부가 서 있어 리젠트 스타일(앞 머리카락을 세우고 넘기고, 뒤 머리카락은 귀 뒤로 빗어 붙인 머리 모양)처럼 보인다. 반면 까마귀*Corvus corone*는 모양이 비교적 평평하다. 어느 쪽이든 머리에서 목덜미까지 포마드를 발라 올백으로 넘긴 멋진 아저씨 머리 스타일이다. 머리깃털은 자고 일어나도 무너지지 않고 언제나 깔끔하게 뒤로 넘겨져 있다.

비행 속도와 방향을 조정하는 꽁지깃털(꽁지깃)

대부분의 새를 돋보이게 하는 깃털은 꽁지깃털(꽁지깃으로도 불린다)이다. 까마귀의 꽁지깃털은 12장으로 비행 속도와 방향을 조정할 때 부채처럼 펼치거나 접는다. 좌우대칭으로 나 있으며 꽁지깃털 중 가운데에 있는 꽁지깃털과 몸의 축에 가까운 깃털(꼬리깃털의 중앙 부분)은 바깥꽁지깃털과 안쪽꽁지깃털이 거의 대칭이지만, 바깥쪽으로 갈수록 바깥꽁지깃털의 면적이 단계적으로 좁아진다. 이 구조는 날개깃에서도 보인다.

안정된 상태의 비행의 경우 꽁지깃털을 그다지 펼치지 않는다. 하지만 나무 사이를 왔다 갔다 할 때는 속도를 늦출 필요가 있는지 꽁지깃털을 조금 펼치고 비행 속도와 방향을 조정한다. 까마귀*Corvus corone*는 몸을 위아래로 움직여 쥐어짜듯 우는데 이때 꽁지깃털을 펼치고 자세를 안정시키는 것 같다. 큰부리까마귀는 울 때 꽁지깃털을 내리는 행동을 자주 보인다.

이렇게 보면 포유류의 꼬리처럼 자유자재는 아니지만 까마귀의 꽁지깃털도 꽤 가동성이 있는 것 같다. 포유류는 꼬리를 움직일 때 5~6종류의 근육을 사용하는데 까마귀 꽁지깃털도 6종류의 근육을 사용하는 것을 보면 포유류와 그다지 다르지 않은 것 같다. 예를 들어 꽁지깃털을 바깥쪽으로 부채처럼 펼치는 근육으로는 미단외측근尾端外側筋이 있다. 이 근육은 엉덩뼈(장골) 끝과 꼬리뼈(미추) 앞에서 미단골尾端骨, pygostyle(새 척추의 말단뼈. 몇 개의 꼬리뼈가 융합된 것이다) 등쪽에 붙어 있고, 꼬리 끝을 바깥쪽으로 당기며 꽁지깃털을 펼친다. 꽁지깃털을 내릴 때는 하미단근下尾端筋이라는 근육을 쓴다. 하미단근은 전위미추前位尾椎(척추의 하단부) 배쪽에서 나와 말단뼈 배쪽에 부착된다. 이 근육들은 수의근(의지에 따라 움직일 수 있는 근육)으로 뇌에서 지시를 받고 자유자재로 움직인다.

까마귀는 피부도 까만색?

깃털과 털은 표피의 일부다. 까마귀는 깃털이 검어서인지 피부도 까만지 궁금해하는 사람들이 많다. 나도 궁금했다. 까마귀는 유해조수로 수렵 대상이어서 연구실에서 해부할 기회가 많았다. 까마귀의 털을 뽑았다.

까마귀의 피부는 다른 조류처럼 털이 박힌 부위의 돌기가 확실히 보이는 닭살이다. 털이 박힌 부위를 자세히 보면 깃털과 솜털이 난 곳이 다르다. 깃털이 난 곳은 돌기가 높고 닭살이 한층 더 강하다. 모근이 규칙적으로 배열되어 있는 부위는 새의 피부에서 깃털이 나고, 모근이 눈에 띄지 않고 피부에서 깃털이 나지 않는 부분에는 작고 부드러운 솜털이 난다.

중요한 것은 까마귀의 피부색이 검은색이 아니었다는 점이다. 닭처럼 흰색도 아니었지만 희미하고 거무스름해서 완전한 검은색이라고도 할 수 없었다. 피부의 질감은 두껍지는 않지만 메스를 대었을 때의 감촉으로 말하면 '질긴 편'이었다.

3 부리의 파워

부리는 그루밍, 먹기, 공격용으로 쓰인다

까마귀는 커다란 부리가 특징이다. 부리의 길이는 큰부리까마귀가 약 7센티미터, 까마귀*Corvus corone*가 약 5센티미터다. 부리의 부피를 계산해 보면 큰부리까마귀는 42세제곱센티미터, 까마귀*Corvus corone*는 19세제곱센티미터다. 큰부리까마귀 부리의 힘을 길이와 부피로도 알 수 있다.

부리는 쪼기, 찌르기, 물기 등의 역할을 한다. 쪼기와 물기는 사람들이 보기에는 같아 보이지만 까마귀 입장에서는 엄연히 다른 행위다. 물기는 그루밍을 할 때 쓰는 것으로, 힘을 적당하게 조절하면서 상대의 털을 정리해 주고 무언가를 잡아 뜯는다. 쪼기는 작은 곤충이나 씨를 먹을 때의 부리의 움직임이다. 찌르기는 상대에게 위협을 가하기 위하여 공격할 때 쓰는 직접적인 움직임이다.

까마귀의 부리도 다리처럼 피부가 그대로 노출되어 있지만 조금 다르다. 앞위턱뼈(절치골)와 치조골(턱뼈에서 돌출된 부분으로 치아를 지지하는 뼈)로 형성된 부리의 골격은 검은 피부로 덮여 있다. 부리의 검은 표면은 멜라닌을 많이 함유한 각질층으로 그 아래에 진피가 있고, 진피에는 감각을 받아들이는 수용기가 있다.

부리의 파괴력

까마귀 부리의 파괴력에 관한 연구는 전기 설비 관련 회사와의 상담이 계기가 되었다. 빌딩 옥상에 에어컨 실외기를 설치할 때 물방울이 서려서 붙는 것을 방지하기 위해 물건 표면을 단열재로 마는데, 까마귀가 이 단열재를 뜯어 버리는 일이 자주 발생한다는 것이었다. 까마귀가 쪼아도 뜯기지 않는 제품을 개발할 수 있는지를 상담하러 온 것이다.

까마귀가 뜯을 수 없을 정도의 강도를 가진 제품을 만들려면 부리의 찌르는 힘, 무는 힘 등을 수치화하여 객관적으로 살펴야 했다. 까마귀가 음식물 쓰레기봉투를 찢는 문제에 관해서도 상담을 받아 연구를 한 적이 있다. 이런 상담을 통해 연구의 힌트를 얻는다. 덕분에 연구의 도전성이 생기고, 재미있는 연구를 하게 된다.

무는 힘과 찌르는 힘을 어떻게 측정해야 할까? 경험이 아예 없어서 까마귀에게 직접 물려봐야 부리의 힘을 알 수 있을 것 같았다. 연구 초기에는 아마추어라는 생각으로 다양한 시험을 했다. 체중계에 먹이를 놓은 후 먹이를 찌를 때의 최대 강도를 알아보려 했으나 까마귀는 동참해 주지 않았다.

이어서 치과에서 치아의 교합면을 알아보는 필름을 사용해 보면 어떨까라는 생각이 떠올랐다. 찾아보니 압력측정필름이라는 딱 맞는 필름이 있었다. 압력의 강약에 따라 색이 변하는 것으로 압력이 높으면 빨강, 차례대로 분홍, 노랑 등 압력에 따라 색이 변했다. 수치화도 가능했다.

단단한 쟁반에 까마귀가 좋아하는 쇠고기 육포를 놓고 압력측정필름을 덮었다. 그 위에 먹이가 잘 보이도록 작은 구멍을 몇 개 뚫은 후 까마귀 앞으로 내밀자 육포가 먹고 싶은 까마귀는 힘껏 찔렀다.

결과적으로 큰부리까마귀의 찌르는 힘은 수컷이 최대 27뉴턴(힘의 단위), 암컷이 최대 22뉴턴이었다. 까마귀*Corvus corone*는 수컷 최대 22뉴턴, 암컷 최대 15뉴턴이었다. 이를 무게로 바꾸면 큰부리까마귀 수컷의 경우 2.7킬로그램의 물체를 1제곱센티미터(손톱 정도의 넓이)로 찌르는 충격과 같다. 놀랄 만한 수치였다. 잡아당기는 힘은 큰부리까마귀 수컷은 10뉴턴, 암컷은 8뉴턴, 까마귀*Corvus corone* 수컷은 4뉴턴, 암컷은 3뉴턴이었다. 큰부리까마귀 수컷은 1킬로그램의 물체를 잡아당겨 이동시킬 수 있다는 결과를 얻었다.

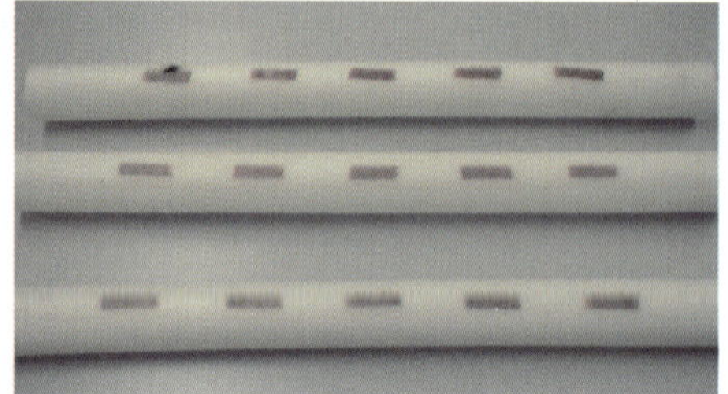

부리 실험. 어두워 보이는 부분이 먹이이고, 투명한 필름으로 덮여 있다.

이런 움직임은 머리의 상하운동에 따른 것으로 12종류의 목 근육이 작용하여 만들어 낸 것이다. 이 근육들이 머리를 상하좌우로 움직일 수 있게 한다. 연구 덕분에 까마귀 부리의 힘을 알아냈고, 상담을 위해 왔던 회사는 내구성이 강한 파이프 커버를 만들었다.

4 내장, 살아가기 위한 노력

갈고리가 붙어 있는 까마귀 혀

큰부리까마귀, 까마귀*Corvus corone* 모두 잡식성이지만 좋아하는 것은 조금 다르다. 큰부리까마귀는 작은 새의 새끼나 로드킬 당한 동물 사체 등 동물의 고기를 좋아한다. 까마귀*Corvus corone*는 밭이나 논, 잔디가 있는 넓은 공원 등에서 작은 곤충이나 식물의 씨, 나무 열매를 찾아서 먹는다. 해부해 보면 둘 다 소화관에서 동물과 식물 등의 위 잔류물을 확인할 수 있다. 둘의 소화관은 구조상 큰 차이가 없다.

포유류의 혀는 여러 종류의 혀 고유 근육으로 이루어져 자유자재로 움직일 수 있지만 까마귀의 혀 고유 근육은 퇴화되었다. 혀끝은 점막이 각질화되어 딱딱하고, 혀의 몸통은 부드러운 부분이 조금 있는 것 같다. 혀를 자유자재로 움직일 수는 없지만 내밀 수는 있다. 혀 고유 근육이 퇴화하기는 했지만 완전한 퇴화가 아니기에 혀를 내밀 수 있다. 이를 뒷받침하듯 혀의 운동, 즉 목 삼킴과 관련된 목뿔뼈(설골)의 긴 돌기가 머리 옆면의 귓구멍 뒷부분까지 뻗어 있다.

까마귀는 혀 모양이 특이하다. 일반 새들처럼 혀끝은 화살 머리같이 생겼지만 혀끝에서 혀 몸통으로 이어지는 부위에 낚싯바늘처럼 휘어진 갈고리 같은 것이 붙어 있다. 이것은 식성 때문인 것으로 보인다. 고기를 먹을 때 한 번 삼킨 먹이가 미끄러져서 떨어지지 않게 하는 구조일 것이다. 게다가 혀 점막 표면에는 유두라는 돌기가 많다. 까마귀는 부리가 크고 턱을 구성하는 뼈도 비교적 커서 구강의 용적도 크다.

구강과 위를 잇는 식도의 길이는 큰부리까마귀가 10센티미터 정도다. 식도는 부드럽고 유연성이 커서 큰 고깃덩어리를 통째로 삼킬 수 있다. 목구멍 쪽에 먹이를 두는 볼주머니 같은 곳이 있다. 큰부리까마귀가 먹이를 옮길 때 목 아래가 부푼 채 날아가는 모습을 볼 수 있는데 바로 이것 때문이다.

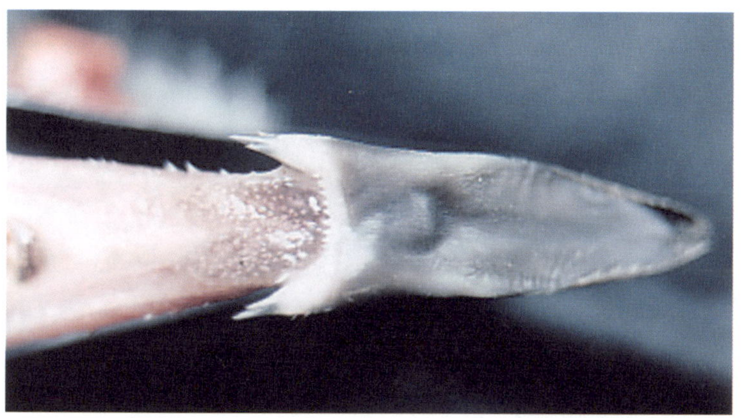

까마귀 혀. 낚싯바늘처럼 휘어진 갈고리 구조가 붙어 있는 것이 특징이다.

가볍고 작은 까마귀 소화관

식성 때문에 까마귀 소화관은 다른 새들과 다른 점이 있다. 체중 약 700그램의 큰부리까마귀의 소화기 무게는 약 50그램으로 체중의 약 8퍼센트밖에 되지 않는다. 한편 체중 약 1,300그램의 닭의 소화기는 전체 무게가 약 180그램으로 체중의 약 14퍼센트를 차지한다. 까마귀 소화관은 닭에 비해 가볍다.

소화관 전체 길이는 닭이 약 170센티미터, 큰부리까마귀가 약 100센티미터다. 까마귀의 식도에는 비둘기, 닭과 달리 모이주머니가 없다. 모이주머니는 주로 곡물 등을 먹는 새들에게서 볼 수 있다. 곡물을 일단 모이주머니에 저장해 두고 발효를 하든가 부드럽게 불린다. 까마귀는 잡식성이지만 주로 곡물을 먹는다. 하지만 구강에서 목구멍까지의 용적이 커서 먹이를 대량으로 넣을 수 있으니 곡물을 부드럽게 불릴 필요가 없다. 대량으로 삼킬 때는 목구

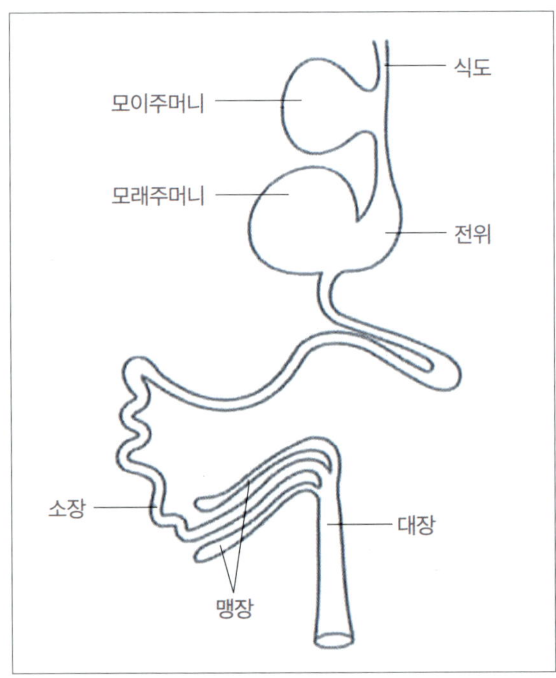

새의 소화관. 까마귀는 모이주머니가 없다.

멍을 볼주머니처럼 부풀릴 수 있다.

한꺼번에 먹고 배 채우기가 가능한 위 구조

까마귀의 소화관을 자세히 들여다보려면 먼저 위부터 살펴봐야 한다. 그런데 결론부터 말하면 까마귀 위는 닭과 비둘기와는 달리 한꺼번에 먹어서 배를 채울 수 있다. 일반적으로 새의 위는 전위前胃(식도 밑에 있는 위의 앞부분)와 모래주머니로 나누어진다. 전위는 식도에 연결된 위로 소화와 관련된 효소가 분비된다. 모래주머니는 효소와 섞인 먹이를 휘저어 소화되기 쉽게 섞는다. 근육으로 되어 있고 딱딱하다. 흔히 닭똥집이라고 하는 모래주머니는 좌우 및 상하 각각 한 쌍의 단단한 근육으로 되어 있고 그 중앙에 힘줄이 있어서 볼록 렌즈 형태다. 이 두 쌍의 근육이 두꺼워 그다지 신축적이지는 않지만 단단한 씨 등을 분쇄할 수는 있다.

한편 까마귀의 모래주머니는 근육벽이 닭만큼 두껍지 않다. 현미경으로 조직을 관찰해 보면 다른 새와 구조는 같지만 까마귀의 모래주머니는 단단한 렌즈 형태가 아니라 부드러운 주머니 형태다. 이 부드러움 때문에 위에 먹이를 채우는 것이 가능하다고 생각된다. 원래 위는 소화 기능만 아니라 먹이를 저장하는 기능도 있다. 까마귀가 고깃덩어리 등을 한번에 삼킬 수 있는 것은 위가 부드럽고 신축성이 있어 먹이의 크기에 맞출 수 있기 때문이다. 까마귀는 먹이를 저장하는 모이주머니는 없지만 위에 저장하는 것은 가능하다.

흥미롭게도 까마귀*Corvus corone*의 위 무게는 평균 19그램이지만 큰부리까마귀는 10그램이다. 몸은 큰부리까마귀가 크고 무거운데도 위의 무게는 까마귀*Corvus corone*의 반밖에 되지 않는다. 그 이유는 까마귀*Corvus corone*가 잡곡 등을 먹어 근육층이 두껍기 때문일 것이다. 식성이 몸 구조에 반영되었음을 알 수 있다.

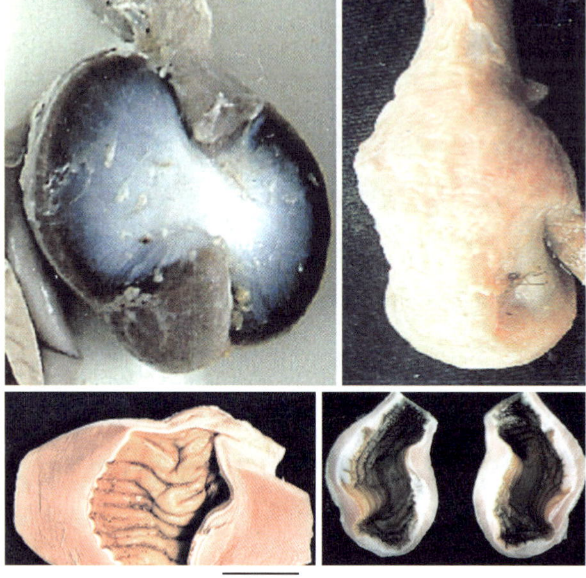

(왼쪽 위) 닭의 모래주머니. (왼쪽 아래) 모래주머니의 단면으로 벽이 두꺼운 것을 알 수 있다. (오른쪽 위) 큰부리까마귀의 모래주머니. (오른쪽 아래) 모래주머니의 단면으로 벽이 얇은 것을 알 수 있다. 큰부리까마귀의 모래주머니는 닭에 비해 부드럽다.

맹금류만큼 짧은 장

까마귀는 소장과 대장에도 특징이 있다. 새는 몸이 가벼워야 하므로 장이 짧다. 까마귀도 예외는 아니다. 사람의 장은 평균 신장의 4~5배, 개의 장은 신장의 약 5배, 초식동물은 대체로 20배다. 조류는 어떨까? 닭의 장은 신장의 약 5~6배, 오리는 4배, 타조는 8배다. 까마귀의 장은 신장의 2.5~3배로 맹금류와 비슷하게 짧다. 까마귀를 비롯하여 야생에서 자유롭게 날아다니는 생활을 하는 새로서는 장이 짧은 편이 좋다.

흥미롭게도 십이지장을 지나 공장_{空腸}(십이지장에 이어지는 소장의 일부로 소장의 후반부인 회장까지의 부분)이 있는 곳은 뱀이 똬리를 튼 것처럼 장이 말려 있다. 돼지와 소도 대장의 일부가 원뿔 모양이나 원반 모양으로 말려 있는데 조류에서 소장이 말려 있는 것은 까마귀에서 처음 보았다. 아마도 장의 소화·흡수 기능상 길이가 어느 정도는 되어야 하는데, 날아다니려면 내장을 작게 만드는 것이 도움이 되므로 이런 형태가 된 듯하다. 또한 까마귀를 포함한 새는 호흡기가 특별히 발달하여 흉강이 넓고 복강이 좁다.

흥미로운 점은 까마귀는 맹장이 거의 발달하지 않았다는 것이다. 닭과 오리의 맹장 길이는 15센티미터 정도로 큰 편이나, 까마귀의 맹장 길이는 평균 1.5센티미터 정도로 작은 돌기와 같다. 맹장 아래의 대장은 채 1센티미터도 안 되게 짧고 바로 직장으로 연결된다. 따라서 장 내용물은 맹장을 통과하면 바로 총배설강(배설 기관과 생식 기관을 겸하고 있는 구멍으로 양서류, 파충류, 조류 등에서 보인다. 포유류의 항문이라고 볼 수 있다)을 통하여 몸 밖으로 나간다.

포유류의 대장은 미네랄과 수분을 재흡수하여 변을 만들고 장내 세균으로 셀룰로스를 분해하려면 길이가 어느 정도 필요하지만 까마귀는 무엇보다도 몸을 최대한 가볍게 해야 하므로 대장이 매우 짧다. 솔개같이 넓은 하늘을 자유롭게 날아다니는 새들은 대장이 짧다고 생각하면 된다.

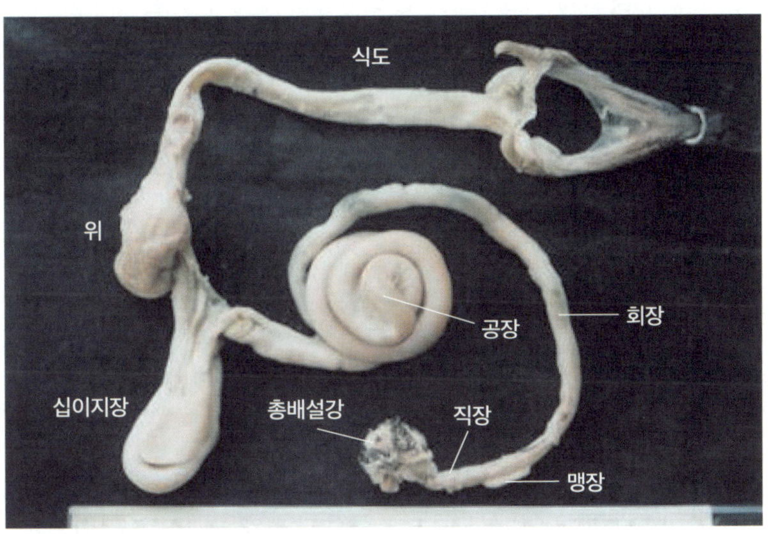

공장은 소용돌이처럼 말려 있다.

5 정소도 난소도 찾기 어려운 생식기

커졌다 작아졌다 하는 정소

큰부리까마귀, 까마귀*Corvus corone*는 연 1회 봄에 번식한다. 개체에 따라 짝짓기 시기가 달라 조숙한 까마귀는 4월에 육아에 들어가지만 5월이 되어서야 겨우 육아를 시작하는 느린 까마귀도 있다. 지역에 따라 기후도 달라서 간토와 도호쿠 지방의 까마귀들 몸속의 호르몬 변화 시기도 다르다.[*] 까마귀는 서로 좋아서도 짝짓기를 하지만 대체로 자연의 섭리에 따라서 한다.

성적 행동은 생식샘의 활동, 즉 생식 호르몬이 지배한다. 생식샘의 활동은 일조 시간과 온도에 민감하고, 계절에 따라 크기가 변한다. 까마귀의 생식샘은 어디에 있을까?

조류는 포유류처럼 정소가 아래쪽으로 이동하는 정소 하강이라는 현상이 없고, 까마귀는 음낭도 없다. 정소는 발생한 위치 그대로 복강 내에 있다. 포유류처럼 정소가 몸 밖에 매달려 있으면 날아다닐 때 방해가 될 것이다. 까마귀의 정소는 해부 시 배를 열어도 바로 찾을 수 없다. 장을 옆구리로 밀고 위와 간을 살짝 들춰 보면 폐 바로 밑에 신장이 있고 신장 약간 위에 부신과 이웃하여 붙어 있는 좌우 한 쌍의 하얀 쌀 알갱이가 보이는데 그것이 바로 정소다.

쌀 알갱이 같은 까마귀 정소는 번식기 외에는 쌀 알갱이보다 더 작아 처음에는 찾는 데 고생을 했다. 까마귀는 겉모습만 보고는 암컷인지 수컷인지 구분하기가 어려운데 까마귀의 배를 열어 보고도 생식샘을 찾지 못했다.

---

[*] 간토는 위도 36도 정도로 한국의 전북 일부, 충청도, 경북에 해당되고, 도호쿠는 38도로 한국의 백령도, 인제, 양양과 북한의 평양에 해당한다. 따라서 백령도 등에 있는 까마귀들의 번식기, 짝짓기, 육아 시기는 아래쪽 까마귀들과 달리 시기가 느리다._옮긴이

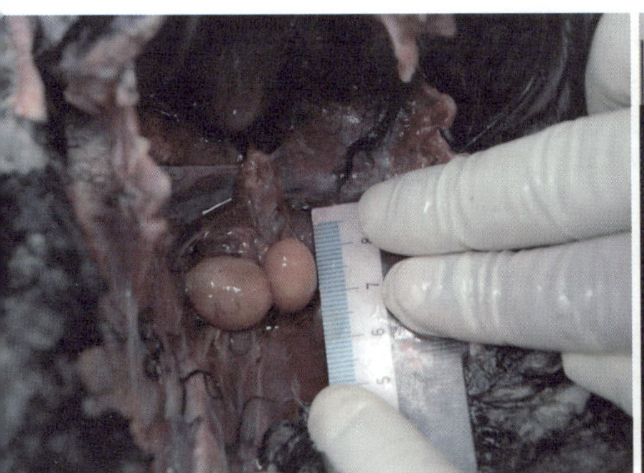

까마귀의 정소. 번식기 때 해부하면 볼 수 있다.

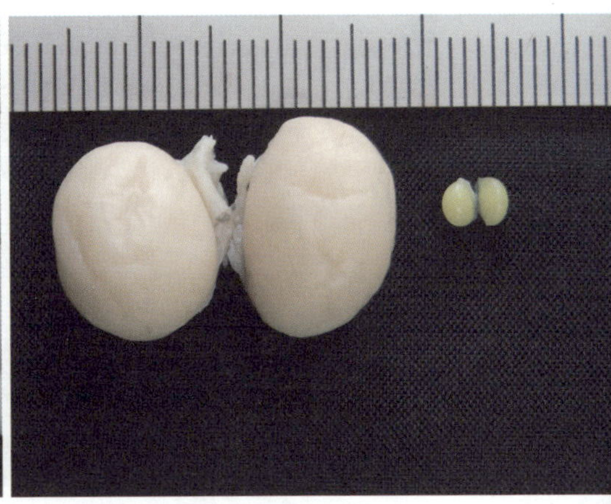

큰 것(왼쪽)은 번식기의 정소,
작은 것(오른쪽)은 비번식기의 정소다.

번식기가 되면 정소는 무려 작두콩보다 더 커져서 이때 해부하면 바로 확인할 수 있다. 마을마다 유해조수 구제가 이루어질 때면 정소의 발달 단계가 다양한 까마귀 사체가 연구실에 들어온다. 이들을 해부하면서 정소의 크기가 1년 동안 극적으로 변화한다는 사실을 알았다.

정소에서는 정관(정소에서 만든 정자를 정낭으로 내보내는 가늘고 긴 관)이 복강 뒤쪽의 복대동맥(배 안에 있는 대동맥)을 경계로 좌우 대칭으로 있고 총배설강으로 이어진다. 총배설강에는 정관의 개구부인 정관유두papilla of ductus deferens가 있고, 사정 시 여기에서 정액이 나와 배설강의 배쪽 중앙에 있는 생식돌기라는 장소로 흘러간다. 교미 기간에는 이 생식돌기가 암컷의 총배설강에 한 번에 닿아 빠르게 정자를 보낸다.

왼쪽에만 있는 난소

암컷의 난소는 정소와 비슷한 위치에 있지만 번식기 외 기간에 난소를 확인하는 것은 정소만큼이나 어렵다. 정소는 작지만 하얗고 단순한 쌀 알갱이

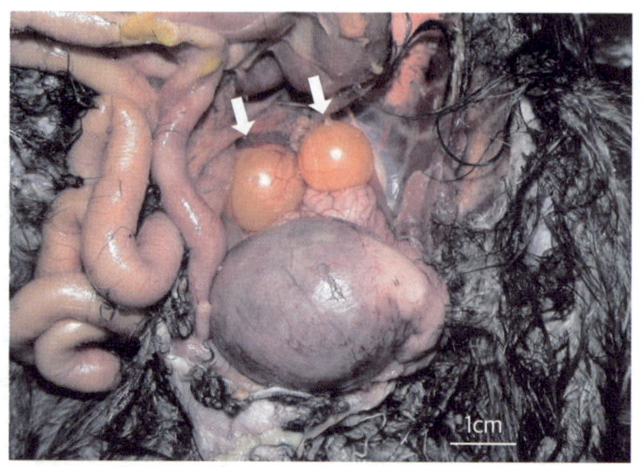

난관자궁부에 난각이 생긴 것으로 보이는 알(사진 아래쪽의 커다란 부분)과 성숙난포(화살표)

가 좌우 대칭으로 있어서 암수 구별이 어려울 때라도 반대쪽에 하얀 쌀 알갱이가 나오면 확실히 구별할 수 있다. 그런데 번식기 이외 난소는 쌀 알갱이 같은 정소보다도 작은 오톨도톨한 것의 집단으로, 전체적인 형태도 복잡하고 왼쪽에만 있다. 많은 새들이 그렇지만 까마귀도 난소는 왼쪽에 있는데 난소를 찾기가 정말 힘들다.

하지만 번식기에는 다르다. 난소에서 진주 크기 정도부터 크기가 다양한 둥근 난포를 여러 개 볼 수 있고, 배란되어 껍질이 만들어진 난자를 자궁부에서 확인한 경우도 있다. 번식기의 난관(배란된 난자를 자궁 쪽으로 내려보내는 한 쌍의 관)은 난소에서 누두부, 거기서부터 두꺼운 관으로 보이는 난백분비부, 협부, 난각(알껍데기)을 형성하는 자궁부로 되어 있으며, 총배설강으로 연결된다. 암컷의 총배설강에는 수컷처럼 돌기가 보이지 않으며, 교미는 총배설강을 사용한다.

6 방광도 요도도 없는 비뇨기

동물의 몸에 대해 조금이라도 안다면 수컷의 비뇨기인 요도와 음경 등 전체적인 형태가 떠오를 것이다. 그런데 까마귀는 생식샘을 만져도 그에 해당되는 것을 흔적도 찾을 수 없다. 암컷은 더하다.

게다가 까마귀는 오줌을 저장하는 방광이 없다. 오줌은 질소의 대사산물로 나오는 유해한 암모니아를 무해한 요소로 바꾸고 그것을 어느 정도의 물에 녹인 것으로 사람이라면 하루에 1~1.5리터 정도를 방광에 담아서 배출한다. 그런데 새는 날기 위한 몸이어서 땅에서 사는 포유류의 배설 구조와는 다르다. 방광도 없고 요도도 없다.

까마귀에 의한 분뇨 피해가 자주 발생해서 현장에 나갔다. 까마귀들이 머무는 전신주 아래에는 흰색과 갈색이 섞인 점액상의 오물이 흩어져 있었다. 아무리 봐도 오줌 같은 액상이 아니다. 이는 까마귀에게만 해당하는 것은 아니다. 조류는 일반적으로 오줌을 만들지 않는다. 물론 잡식성으로 단백질도 섭취하기 때문에 대사산물인 암모니아가 나오지 않는 것은 아니지만 암모니아를 처리하는 방법이 포유류와는 다르다. 조류는 수분이 많이 필요하지 않은 요산이라는 결정체를 응고가 되지 않을 정도의 수분으로 배출한다. 그래서 액상보다는 하얀 점성의 물질로 똥과 함께 총배설강에서 배설되는 것이다.

요산을 만드는 신장은 복강 뒤편에 있는 복부 대동맥을 경계로 좌우에 있으며, 전엽, 중엽, 후엽 세 부분으로 나누어져 있다. 각 부위에서 나오는 요관이 하나로 합쳐져 총배설강으로 이어진다. 수컷은 정관과 평행하게 총배설강으로 향하며, 암컷 요관도 수컷과 같은 위치에 있다.

흰 까마귀

일본에는 '까마귀 머리가 하얗게 된다.'라는 속담이 있다. 일어날 수 없는 일이라는 뜻으로 있을 수 없는 일이 일어날 때 사용한다. 우리나라에도 '까마귀 대가리 희거든.'이라는 비슷한 속담이 있다. 도무지 실현될 가능성이 없는 일임을 비유적으로 이르는 말이다.

그런데 실제로 머리뿐 아니라 전신이 하얀 까마귀가 있다. 십수 년 전 포획된 하얀 까마귀가 우에노동물원에서 사육되었다. 신기하게도 아주 가끔 하얀 까마귀가 태어난다. 2017년 5월에는 교토에서도 발견되었다. 부분적으로 하얀 알비노 까마귀도 가끔 확인된다. 멜라닌 생합성에 관여하는 유전정보의 결손에 의해 멜라닌 색소가 부족해 하얗게 된 것으로 보인다.

우에노동물원에 있는 흰 까마귀

4장
까마귀의 지혜

1 까마귀 지적 행동의 수수께끼를 풀다

뇌는 생물의 기억과 행동, 생명 활동 등 모든 것의 사령탑이다. 뇌의 활동은 매우 중요하며 그것을 연구하는 분야를 뇌과학이라고 한다. 뇌과학은 첨단과학의 한 분야다. 뇌과학은 미지의 분야도 많으며 사람의 치매나 마음의 병, 발달장애 등 뇌의 움직임에 관여하고, 눈에 보이지 않는 병의 메커니즘이 밝혀지면 치료로 연결하는 의학에서도 매우 기대되는 분야 중 하나다. 뇌 연구는 활발히 이루어지고 있다. 뇌과학의 발달과 함께 동물의 뇌 연구도 진행되고 있는데 연구대상이 조류의 뇌라면 이야기가 달라진다. 세계적으로 "너 새 대가리birdbrain야?"라는 표현은 모자란 사람을 지칭한다. 포유류의 뇌에 비해 조류의 뇌는 발달이 더디다고 생각하기 때문이다.

조류의 뇌는 포유류의 학습, 지능 행동을 담당하는 인간의 대뇌겉질에 해당하는 부분이 없기 때문에 지능도 그만큼 높지 않을 것이라고 생각해 왔다. 하지만 동물행동학 혹은 동물심리학 분야에서 이루어진 조류 연구를 살펴보면 다르다. 먹이를 먹을 때에 2마리의 떼까마귀가 서로 협동 작업을 한다는 것, 다양한 그림을 기억하고 그 차이를 이해한다는 것 등 지적 행동이 많이 확인된다. 뉴칼레도니아에 사는 뉴칼레도니아까마귀는 먹이를 먹을 때 도구를 사용하는데 오른쪽 눈을 활용하여 도구를 만드는 경우가 많아서 좌뇌의 기능 우위, 우뇌·좌뇌 형성에 대한 연구 논문이 발표되었다.

물병 안의 물을 마시려고 까마귀가 물병에 돌을 넣어 물 높이를 높여 물을 마신다는 〈까마귀와 물병〉 우화도 있다. 이를 현대화한 연구에서도 까마귀가 활약하고 있다. 원통형 메스실린더에 먹이가 든 주머니를 넣어 뉴칼레도니아까마귀에게 주었다. 메스실린더에는 까마귀의 머리도 부리도 들어가지 못했다. 이때 까마귀에게 철사를 주자 몇 번의 시행착오를 거치더니 철사를 갈고리 형태로 만들어 메스실린더 안으로 넣은 다음 먹이가 있는 주머니를 들어 올려서 먹이를 먹었다. 까마귀에게는 철사를 구부려 들어 올리는 번득임이 있었다. 까마귀는 목적에 맞게 논리적으로 생각하고 도구를 만들 수 있음을 증명했다.

영장류 이외에도 도구를 사용하는 동물이 있다는 이 실험 결과는 많은 동물행동학자들의

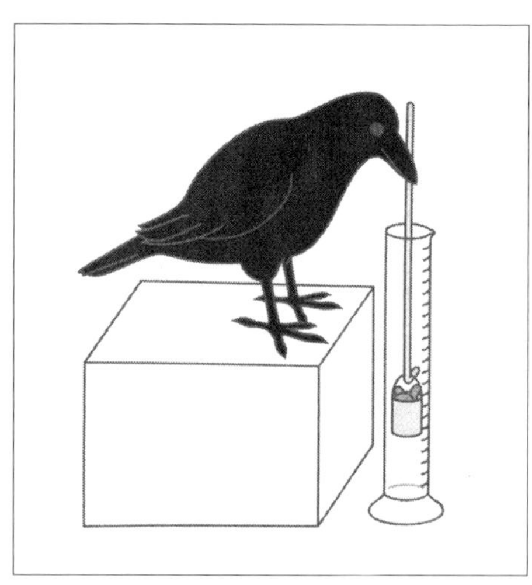

까마귀의 메스실린더 속 먹이 실험. 까마귀가 철사를 갈고리처럼 구부려서 메스실린더 안에 들어 있는 먹이 주머니를 걸어 올리고 있다.

흥미를 끌었다.

까마귀는 매우 흥미로운 연구대상이다. 뇌의 비밀 풀기, 학습에 의해 까마귀의 머리가 얼마나 좋아지는지, 앞으로 까마귀와 어떻게 살아가야 할지를 생각하게 해 주는 열쇠로 주목할 만한 가치가 있다. 여기에서는 계속 연구해 온 뇌와 까마귀의 학습행동에 관한 연구를 소개할 것이다.

2 현명함의 원천인 뇌 구조

새는 뇌가 그다지 발달하지 않은 동물로 생각되어 왔고 적극적인 뇌 연구도 없었다. 그동안 조류의 대뇌는 포유류의 뇌에 있는 지능에 별로 관계없는 부분(대뇌기저핵)이 특화되어 형성되었다고 생각되어 왔다. 대뇌의 각 부분의 명칭도 포유류의 대뇌기저핵의 대부분을 차지하는 선조체striatum(뇌의 기저핵 중 가장 큰 구조인 기저핵 복합체를 구성하는 핵들의 집합)에서 이름을 따 ○○선조체라 불렀다. 즉 '조류 대뇌는 대부분 포유류 뇌 기저에 있는 지능에 관여하지 않는 부위와 같다.'라고 생각한 것이다. 그런데 2004년 이후에 조류에서 선조체라 불리던 대부분의 부위가 사실은 포유류의 대뇌겉질에 해당한다고 여겨져 각 세포층도 ○○대뇌겉질이라는 명칭이 붙었다. 이로 인해 조류도 학습, 기억, 판단 등 지적 기능을 담당하는 포유류의 대뇌겉질에 해당하는 부위를 얻었다.

종에 따라 크기와 형태가 달라서 지능이 낮은 새도 있지만 까마귀처럼 머리 좋은 새도 있다. 까마귀의 뇌는 다른 새와 얼마나 다를까? 구조와 발달 양상에 대해 알아보았다.

포유류와 조류의 뇌, 닮은 점과 다른 점

포유류와 조류의 일반적인 뇌 구조는 닮은 점과 다른 점이 있다. 뇌는 발생 초기에 앞쪽에서 전뇌포, 중뇌포, 후뇌포라는 세 부분의 부푼 덩어리로 시작한다. 전뇌포는 겉에 있는 신경세포가 증식하여 두꺼워져 대뇌가 된다. 중뇌포는 역시 겉에 있는 세포가 간뇌와 중뇌를 충실히 만든다. 후뇌포는 소뇌, 뇌교, 연수가 된다. 중뇌포, 후뇌포로 만들어진 부위는 소뇌를 빼고 뇌간이라는 생명 유지에 필수적인 중추가 된다. 뇌간은 체온 조절, 혈압, 호흡, 내장의 지각과 운동 등 무의식적으로 행해지는 생명 활동의 조절을 담당한다. 생명 활동이 기본이므로 뇌간은 종을 넘어 기본적으로 똑같다. 한편 대뇌는 동물 종에 따라 형태가 다르다.

조류도 포유류도 대뇌 구조를 살펴보면 중심부에 기저핵이라는 세포 덩어리(세포핵)가 있고, 바깥쪽으로는 기저핵을 싸고 있는 듯한 대뇌겉질pallium이 있다. 포유류의 경우 대뇌겉질 표면에 가까운 곳에 세포가 지층처럼 배열되어 있고, 많은 영역이 6층 구조로 되어 있다. 각 층은 정보를 받아들이는 세포층, 지령을 내리는 세포층, 그 사이에 출력과 입력을 조정하는 세포층으로 역할이 분담되어 있다. 이 세포층들의 두께는 각 층을 합쳐 수 밀리미터로 겉질이라고 부른다.

고차원적인 지능 행동을 하는 동물은 세포층을 넓게 가지고 싶어 하지만 뇌를 넣어두는 공간이 한정되어 있기 때문에 뇌에 주름을 만들어 표면적을 넓힌다. 사람의 뇌도 그중 하나다. 한편 조류의 대뇌는 기저핵을 둘러싸고 있는 듯한 대뇌겉질이 있다. 조류의 대뇌겉질은 포유류처럼 수 밀리미터의 세포층으로 되어 있는 얇은 세포층이 아니라 커다란 세포 덩어리다. 따라서 뇌 표면에는 주름이 없고 반질반질하다(평활뇌). 새는 날아다녀야 하는 생물이어서 체중이 나가지 않고 균형도 잘 잡을 수 있도록 머리 크기가 작다. 그러다 보니 뇌도 머리 크기에 맞추어 작아야 한다. 한정된 공간에서 신경세포를 풍부하게 갖추려면 포유류처럼 주름을 만들고 뇌의 표면적을 넓히는 것이 아니라 세포 덩어리를 기능별로 모으는 방법을 택했다. 그런 까닭에 지능에 관여하지 않는 기저핵이 부푼 것처럼 보인다. 조류는 대뇌겉질을 구성하는 세포들이 포유류 겉질 세포에 해당하는 고차원적인 지적 기능을 담당하고 있다.

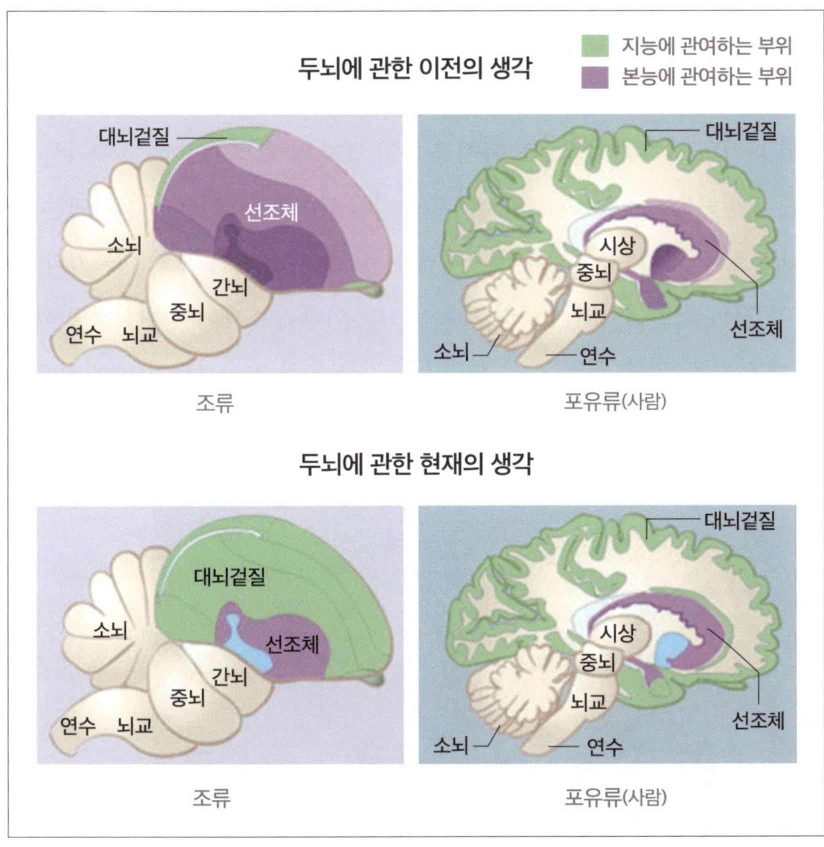

조류와 사람의 뇌. 2004년 이전에 조류의 뇌는 사고와 거의 관계없는 선조체가 대부분이라고 여겨져 왔으나, 선조체로 생각되던 대부분의 부위가 사실은 대뇌겉질로 포유류의 대뇌겉질과 비슷한 역할을 한다고 밝혀졌다.

까마귀는 체중 대비 뇌가 꽤 크다

까마귀는 체중이 약 650~800그램, 뇌 무게가 약 10그램으로 닭, 청둥오리, 비둘기 등 다른 새보다 몸 크기에 비해 뇌가 크다. 닭은 체중이 약 2.5킬로그램, 뇌 무게가 약 3그램으로 뇌 무게가 차지하는 비율이 0.12퍼센트다. 반면 까마귀는 뇌가 차지하는 비율이 1.4퍼센트로 닭과 비교해서 10배 차이가 난다. 사람의 뇌가 보통 체중 대비 1.8퍼센트이니 까마귀는 닭보다 사람에 가깝다. 말은 약 1퍼센트다. 따라서 체중당 뇌 무게를 비교하면 까마귀 뇌는 다른 동물과 비교해 매우 큼을 알 수 있다.

까마귀 뇌를 뇌간을 중심으로 살펴보자. 큰부리까마귀의 뇌와 청둥오리, 닭의 뇌간의 크기를 살펴보면 차이가 그리 크지 않다. 하지만 뇌 전체에서 뇌간이 차지하는 비율을 비교해 보면 비둘기와 닭이 약 33퍼센트, 까마귀는 약 13퍼센트다. 하지만 뇌 전체에서 대뇌가 차지하는 비율을 보면 비둘기와 닭이 약 53퍼센트, 까마귀는 무려 79퍼센트다. 까마귀의 대뇌가 뇌간에 비해서도 매우 큼을 알 수 있었다. 즉 까마귀의 뇌는 닭과 비둘기와 비교해 지능에 관여하는 대뇌가 크다.

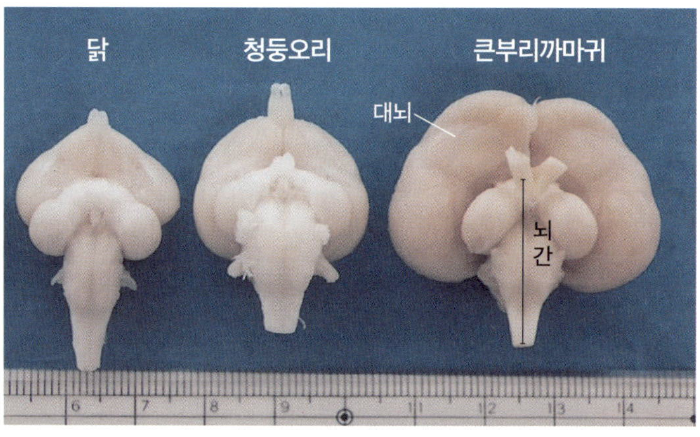

뇌간의 크기는 크게 다르지 않지만 까마귀의 대뇌는 다른 새와 비교하여 크다.

'닭은 세 걸음만 걸어도 잊어버린다.'라는 일본 속담이 있다. 뇌 크기로 보면 이 말이 맞는 것 같지만 닭은 나름대로 자신에게 필요한 만큼의 뇌를 가지고 있는 것이다.

까마귀의 뇌에는 세포 집단이 있다

조류의 뇌 중에서도 까마귀의 뇌는 다른 새에 비해 대뇌겉질이 두껍다. 두꺼운 세포 덩어리를 형성하고 있는 것이다. 즉 까마귀 뇌가 큰 것은 대뇌겉질이 잘 발달했다고 말할 수 있다. 대뇌겉질을 바깥쪽에서부터 보면 상대뇌겉질, 중대뇌겉질, 소대뇌겉질, 궁대뇌겉질 순으로 되어 있고, 대뇌기저핵은 대뇌의 가장 아래에 있다. 대뇌겉질 아래쪽은 기억과 공간 학습 능력을 담당하는 해마와 연결되어 있다. 포유류의 경우 해마는 측두엽 안쪽에 있지만 조류의 경우는 표면으로 나와 있다.

뇌의 발달을 알아보기 위하여 까마귀, 닭, 청둥오리의 대뇌겉질 용적을 비교했다. 까마귀의 대뇌겉질 용적은 11,134세제곱밀리미터로 닭의 5배, 청둥오리의 3배다. 까마귀의 대뇌겉질이 매우 발달했음을 알 수 있다. 그리고 담창구globus pallidus 등 대뇌겉질 이외의 기저핵이 되는 부분이 차지하는 비율은 닭 20퍼센트, 청둥오리 10퍼센트, 까마귀 6퍼센트다. 까마귀는 포유류의 대뇌겉질만큼이나 대뇌겉질이 차지하는 비율이 높다.

대뇌겉질은 어떤 기능을 할까? 포유류의 뇌에서는 겉질을 만드는 세포층에 따라 입력, 출력, 그 사이의 조정과 움직임이 결정된다. 조류의 뇌에서도 대뇌겉질의 세포 덩어리에 따라 입력, 출력, 그 사이의 조정이 결정된다. 세포 덩어리의 구성이 포유류의 겉질과 매우 닮았다. 즉 포유류 대뇌겉질을 만드는 세포가 층 구조를 형성하여 행하는 기능을 조류에서는 대뇌겉질을 구성하는 세포 덩어리가 하고 있다. 게다가 대뇌겉질은 지적 정보를 처리하는 레벨에 따라 역할이 달라진다. 예를 들어 시각 변별 능력을 담당하는 궁대뇌겉질, 울음소리 등을 조정하는 소대뇌겉질, 보다 고도로 종합적인 지적 판단을 하는 중대뇌겉질과 상대뇌겉질이라는 신경세포 집단이 있다. 상대뇌겉질과 중대뇌겉질이 하는 고도로 종합적인 지적 판단은 훈련과 경험으로 얻어지는 학습 경험을 기본으로 하여 그것들을 조합하여 새로운 행동을 취하도록 한다. 예를 들어 호두를 차바퀴 밑에 깔아 껍데기를 깨서 먹는 것을 이해하는 능력 같은 것이다.

까마귀 뇌에서 더 흥미로운 것은 닭과 비둘기에게서는 볼 수 없는 세포 집단이다. 까마귀 뇌 절편을 현미경으로 관찰해 보면 지도의 섬처럼 점점이 보이는 것이 세포 집단이다. 개체에 따라 다르지만 이 세포 집단은 뇌 절편 하나당 5~7개 정도 확인할 수 있다. 이 세포 집단은 측뇌실lateral ventricle 하부의 중간내복측 중대뇌겉질이라고 불리는 장소로 보인다. 이 장소는 다른 조류에서도 청각과 시각 등 많은 감각 정보가 들어오는 곳으로, 이 정보들을 인지하고 완성된 형상을 형성한다. 그리고 색 식별, 변별 학습 등 고차원적인 뇌 기능에 중요한 역할을 한다. 게다가 이 세포들이 갑상선 호르몬의 영향을 받는

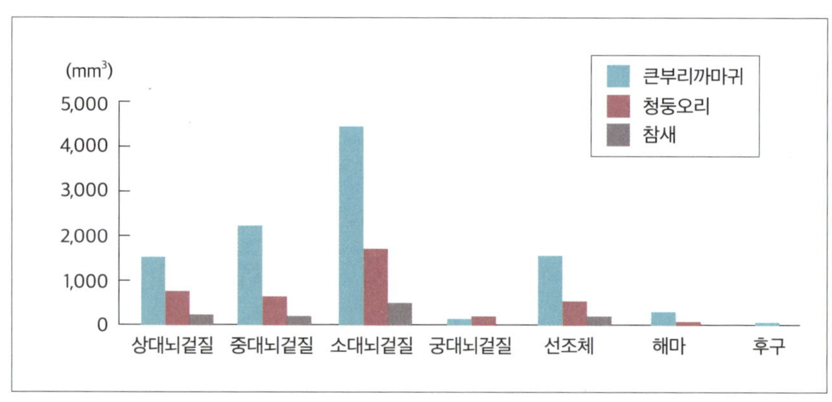

큰부리까마귀의 뇌 구분에 따른 각 영역의 용적. 까마귀는 청둥오리, 참새와 비교하여 대뇌겉질의 체적이 크다.

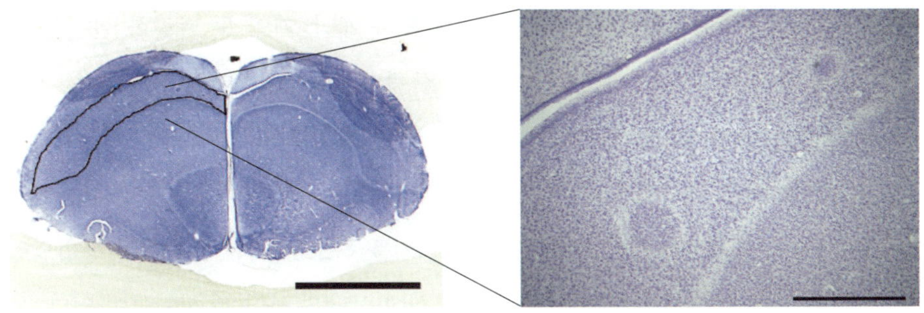

중대뇌겉질에 보이는 세포 덩어리

다는 것이 최근에 밝혀졌다. 단, 갑상선 호르몬의 유입은 개체 차이가 있는 듯하다. 이후 소개할 다양한 학습 실험은 까마귀에 따라 차이가 있다. 이것이 갑상선 호르몬의 영향 때문인지 아니면 세포 집단 때문인지 등을 생각하면 서 뇌 절편을 들여다보는 것은 즐거운 일이다.

까마귀는 남은 먹이를 숨기고 저장하는 습성이 있다. 그리고 숨긴 장소를 확실하게 외워서 며칠 후에 찾아서 먹는다. 주위의 상황을 보고 숨긴 장소를 기억하는 것으로 생각된다. 즉 까마귀는 공간 기억 능력이 우수한 셈이다. 이 것을 뒷받침하듯 기억 중추인 해마도 용적이 청둥오리보다 약 10배나 크다. 신경 연결 면에서 보면 고차원적인 시각 정보를 처리하는 상대뇌겉질, 거기 에서 정보를 받는 중대뇌겉질을 거쳐 공간 기억 등 시각 정보를 단서로 하여 기억을 형성하는 것으로 생각된다.

3 식별 능력, 사람 얼굴을 기억한다

사람 얼굴을 기억한다

까마귀 뇌는 해부학적으로 잘 발달되어 있다. 이 뇌로 무엇이 가능할까?

큰부리까마귀를 이용하여 변별 학습, 숫자 개념, 기억 등 다양한 실험을 했다. 그 결과 큰부리까마귀는 뇌 발달을 뒷받침해 줄 수 있는 훌륭한 지적 행동을 보였다.

까마귀는 자기에게 나쁜 짓을 한 사람의 얼굴을 기억하고 복수한다는 이야기가 있다. 그러다 보니 까마귀가 쓰레기를 하도 어지럽혀서 여러 방법으로 까마귀를 쫓은 후 걱정이 되어서 연구실에 상담을 하러 온 사람들이 있다. 까마귀가 자기 얼굴을 기억해서 해코지를 하러 오지 않을까 걱정이 된다고 했다. 사람들은 까마귀가 개개인의 얼굴을 식별할 수 있다고 믿는다. 까마귀에게 한 번이라도 나쁜 짓을 하면 스토킹을 당한다고 생각하는 사람도 있다.

그 진실을 파헤치려는 의도는 아니었지만 까마귀가 사람 얼굴을 식별할 수 있는지를 사진을 가지고 실험을 했다. 용기에 사람 얼굴이 인쇄된 종이 뚜껑을 붙인 후 그중 내 얼굴이 인쇄된 용기에 먹이를 넣었다. 종이 뚜껑은 까마귀가 부리로 충분히 찢을 수 있는 강도였다. 한 번 찢어진 뚜껑의 용기는 회수한 후 위치를 바꾸어 계속 실험했다. 매번 위치를 바꾸면서 내 얼굴이 인쇄된 용기에는 먹이를 넣었다. 위치를 계속 바꾼 이유는 먹이가 든 용기를 장소로 인식하지 못하도록 하기 위해서였다. 실험을 30회 이상 반복한 결과, 까마귀는 너무나 쉽게 내 얼굴 사진을 찢으면 먹이를 먹을 수 있다는 사실을 학습했다. 얼굴 사진을 4명, 8명, 15명으로 늘려도 내 얼굴을 쉽게 골라냈다. 결론은 실험한 까마귀 3마리가 다소 차이는 있었지만 3마리 모두 80퍼센트의 정답률을 보였다. 15명의 얼굴 사진을 사용한 실험에서는 바닥으로 한 번 내려와서 어느 쪽이 정답인지 찾는 것처럼 걸으면서 먹이가 있는 용기로 왔다. 즉 까마귀는 15명 중에서도 정답을 간단히 골라냈다. 얼굴 사진은 정면만이 아니라 옆얼굴 등 다양하게 준비했지만, 어느 방향이든 상관없이 정답을 골라냈다.

실험을 통해 내 얼굴만 기억한다면 다른 사진이 많아도 정답을 고를 수 있음을 알 수 있었다. 이것은 까마귀에게 그다지 어려운 문제가 아니었던 것 같다. 까마귀는 내 얼굴 사진이 붙은 종이 뚜껑을 찢으면 먹이를 먹을 수 있음을 알았지만, 그 사진을 나라는 사람으로 인식한 것이 아니라 어떤 상징으로 인식하고 있는 것 같았다. 실험 중에 몇 번이나 까마귀 사육장에 들어갔는데도 까마귀가 내 얼굴을 보고 날아온 적은 없었다.

이런 행동 실험과 날지 못하는 까마귀들을 키운 경험을 통해 까마귀들은 먹이를 주는 사람, 위협을 가하는 사람 등을 개별 인식할 수 있는 것 같다. 개개인을 식별하고 대응하는 능력도 물론 있다고 할 수 있다. 하지만 까마귀는 사진 속의 나와 실물의 나를 동일하게 생각하지는 않았다.

까마귀가 사람의 얼굴 사진 식별 실험을 하고 있다.

남녀를 구분한다

이번에는 난이도를 조금 높였다. 까마귀가 남녀를 알아보는지 실험했다. 그러나 어떻게 확인할지가 문제였다. 실험 방법을 고민하는 것은 연구의 묘미임과 동시에 어려운 부분이다. 6장에서 까마귀의 언어를 연구한 결과를 소개하겠지만 까마귀 언어는 어려워서 무슨 말인지 도통 이해하기가 어렵다. 그러니 남녀 차이를 까마귀 언어로 물어보는 것은 일단 무리다. 언어가 안 되니 다른 방법을 생각해야 했다. 앞의 실험처럼 연구자가 의도하는 행동에 성공하면 먹이를 받을 수 있도록 당근과 채찍 학습 방식을 사용하기로 했다.

먼저 남녀 각각 10명을 모으고 긴 머리 등 특징을 없애기 위하여 같은 모자를 씌워 사진을 찍었다. 그리고 여성 A와 남성 B의 사진 중 여성 A의 사진을 인쇄한 종이 뚜껑 용기를 고르면 먹이를 먹을 수 있다는 것을 학습시켰다. 앞에서 소개한 얼굴 식별 실험과 거의 같지만 문제는 그다음부터였다. 여성 A의 얼굴이 있는 종이 뚜껑을 10번 중 10번을 다 고른 까마귀에게 여성 A의 얼굴 대신에 여성 C, D, F로, 남성도 B의 얼굴 대신에 G, H로 바꾸었다. 결과는 어땠을까? 까마귀는 순간 '어, 뭐야?'라고 느꼈겠지만 몇 번의 바뀐 남녀 얼굴 사진 조합에서도 여성 사진이 있는 뚜껑을 골랐다. 즉 까마귀는 여성의 얼굴 사진에서 공통점을 찾아낸 것이다. 이는 까마귀가 분류하는 사고를 할 수 있음을 보여 준다.

도대체 무엇을 보고 까마귀가 남녀를 구별하는지 알고 싶어졌다. 눈, 코, 입 등 얼굴의 일부분을 가린 새로운 실험을 했다. 눈매, 입매를 기준으로 남성, 여성을 식별할 수도 있겠다는 단순한 생각에서였다. 그 결과 얼굴을 전혀 가리지 않은 경우에는 10회 실험에서 9~10회 정답을 골랐다. 그런데 얼굴을 한 번 기억해 버리자 어떤 부위를 가려도 10회 실험에서 9~10회 정답을 골랐다.

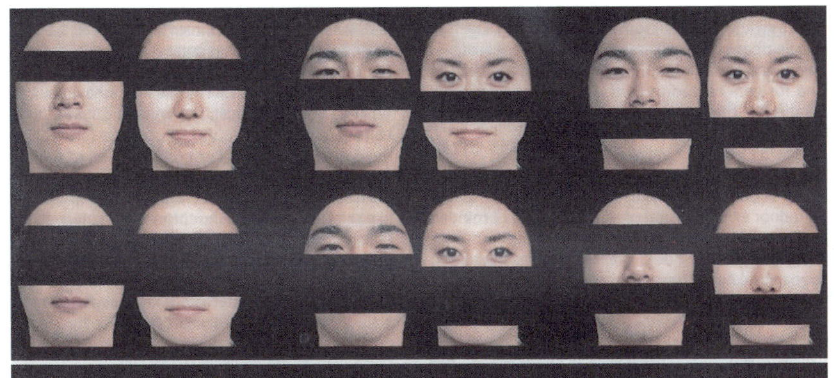

얼굴 각 부분을 가린 남녀 사진. 이 사진만으로도 까마귀는 남녀를 구분했다.

이 실험은 아직 진행 중이다. 윤곽 등 다른 요소에 대해서도 조사한 후 결론을 내릴 것이다.

까마귀끼리 얼굴을 알아본다

사람 얼굴 식별 실험 후에 까마귀끼리는 서로를 무엇으로 인식하는지 궁금했다. 온몸이 검은색이어서 얼핏 보면 특징이라고 할 만한 것이 하나도 없는데 까마귀를 관찰해 보면 부모 까마귀는 새끼를 알아보고, 새끼는 부모를 알아보는 것 같았다. 오랜 시간 사육한 까마귀를 인간도 구분할 수 있으니 평소의 친분 정도에 따른 것이 아닐까 생각했다. 그렇다면 매일 보는 친분이 있는 까마귀끼리는 얼굴과 외모로 상대를 인식할 가능성이 크다는 생각에 실험을 시작했다.

까마귀끼리 얼굴을 식별할 수 있는지 알아보는 실험도 결국 앞의 사진 식별과 거의 같은 방법을 채택했다. 까마귀 A와 까마귀 B 두 마리를 한 쌍으로 실험했다. 까마귀 A 얼굴을 비스듬하게, 앞, 옆 등 여섯 각도로 사진을 찍었다. 까마귀 B 얼굴도 같은 각도로 몇 장 찍었다. 그리고 까마귀 B 사진을 인

까마귀의 얼굴 사진들. 사람이 보면 모두 같은 얼굴이지만 까마귀들은 얼굴의 차이를 아는 것 같다.

쇄한 종이 뚜껑 용기에 먹이를 넣었다.

실험을 개시했다. 까마귀 A와 까마귀 B의 정면 사진이 붙은 용기 2개를 나란히 놓고 까마귀 C에게 고르게 했다. 용기 위치를 랜덤하게 바꿔 가며 선택하는 실험을 하루에 10회 정도 반복했다. 정답인 용기를 9회 이상 고르면 학습 성립, 즉 까마귀 A와 까마귀 B의 차이를 아는 것으로 판단했다. 다음 실험은 까마귀 A의 옆얼굴과 까마귀 B의 비스듬한 뒤쪽 얼굴을 한 쌍으로 하여 사진을 랜덤하게 조합하고 용기를 두는 위치도 바꿔 가며 진행했다. 그 결과 까마귀는 어느 쪽 방향의 얼굴이든 정답을 골랐다. 사진을 추가하고 안 본 사진을 사용해도 성공했다. 까마귀끼리 서로의 얼굴을 식별하고 있음을 시사했다. 이 연구는 최근 시작한 것이어서 아직 한 마리(까마귀 C)의 예 밖에 없지만 연구 현장을 소개하는 의미로 소개한다.

수의 개념이 있다

실험을 통해 까마귀는 사진의 얼굴 차이를 식별하는 능력이 있음을 알았다. 까마귀는 제시된 물체의 단순한 차이와 물체를 범주적으로 볼 수 있었다. 시각 실험을 통한 방법 말고 비교나 유리한 행동을 하기 위해 사고하는 등 까마귀 나름의 사고력을 끌어내고 싶었다. 수적 혹은 양적 사고를 할 수 있는가를 찾는 실험을 시작했다.

일본의 옛날 셈법에는 '까마귀 셈법'이라는 곱셈 문제가 있다. "999마리의 까마귀가 999군데의 해변에서 각각 999회 울었다면 최종적으로 까마귀가 운 횟수는 얼마일까?"라는 문제다. 셈법에 까마귀가 등장했다. 까마귀가 셈을 할 수 있을까? 999마리의 까마귀를 사육하는 것은 무리여서 몇 마리를 이용해서 실험을 했다.

동그라미 모양을 3개와 4개로 인쇄한 뚜껑을 조합하여 훈련을 시켰다. 3개의 동그라미가 붙은 뚜껑 용기에는 먹이를 넣고 4개의 동그라미가 붙은 쪽에는 아무것도 넣지 않았다. 까마귀가 먹이가 든 3개의 동그라미가 붙은 용기를 고르면 조합을 2개와 5개, 6개와 8개 이런 식으로 바꾸었다. 까마귀가 먹이가 들어 있는 2개의 동그라미 모양이 붙은 용기 뚜껑을 보고, 적은 쪽에 먹이가 있다는 것을 인식하고 있다면 어떤 수를 조합해도 적은 쪽을 선택할 것이었다.

그 결과 까마귀는 수의 비교가 가능하다는 사실을 알아냈다. 까마귀는 4개

수의 개념을 알기 위해 사용한 뚜껑

와 5개에서는 4개를, 5개와 7개에서는 5개를 골랐다. 모든 수에 대해 실험을 하지는 않았지만 8회의 조합 실험을 한 후 수가 적은 쪽을 선택한 까마귀는 수의 개념이 있다고 생각할 수 있다.

이전의 실험에서 색이 다른 종이풍선에 각각 먹이를 8개, 6개, 4개, 2개, 1개를 넣고 한 적이 있다. 이때도 1주일간 실험하면서 먹이가 가장 많은 풍선을 먼저 물고, 다음에는 두 번째로 많은 풍선, 이런 식으로 수가 많은 쪽부터 고르는 것을 확인할 수 있었다. 이 두 실험의 결과를 합치면 까마귀는 수의 개념이 있음을 알 수 있다.

4 까마귀의 지적 행동, 기억력

까마귀가 기억한 기간, 1년

1장에서 소개한 것처럼 까마귀는 세계 각지에서 현명한 동물로 인식되고 있다. 북유럽 전설에 나오는 신 오딘의 옆구리에는 지혜와 기억의 상징으로 까마귀가 그려졌다. 까마귀의 비축행동에서도 알 수 있듯 까마귀는 먹이를 저장하는 장소를 똑똑히 기억하는 능력이 있다. 그러나 한 번 기억한 것을 얼마나 길게 기억하는지에 대해서는 시간도 걸리고 확인할 방법도 없다. 1년간 기억을 한다면 어떤 일을 기억시키고 난 후 1년을 쭉 사육하며 관찰해야 하는데 도중에 까마귀가 병이 나서 죽으면 처음부터 다시 시작해야 한다. 실험을 하던 까마귀가 1년을 채우지 못하고 떠나면 매우 마음이 아프지만 심란해지기도 한다.

까마귀의 기억 능력을 탐구하는 연구는 시간과 끈기가 필요하다. 연구자들은 까마귀의 기억력에 대해 긴 시간 의문을 가졌으면서도 실험에 착수할 엄두를 내지 못했다. 그러나 우리 연구실에서는 과감하게 연구에 착수했다.

실험은 1개월, 2개월, 3개월, 6개월, 8개월, 10개월, 12개월의 7개 기억 집단을 만들어 4마리씩 총 28마리의 까마귀를 이용했다. 까마귀들이 죽거나 도망가지 않도록 주의를 기울였다. 이때부터 고난의 길이 시작됐다.

먼저 빨강과 초록, 파랑과 노랑의 2가지 색을 가진 뚜껑을 표식으로 하고 빨강과 초록 뚜껑을 고르면 먹이를 얻을 수 있게 학습시켰다. 그 후 까마귀들을 기억 집단의 개월 수에 맞게 키우고 각각의 날이 지난 시점에 같은 실험을 했다. 까마귀에게 기억하게 한 다음 개월 수에 따라 먹이고 운동시켰다. 그 결과, 처음에는 하루 10회 실험에서 90퍼센트의 정답률을 보였다. 기억하는 데 2~3일이 필요한 까마귀들이 일정한 시간(1개월, 2개월에서 12개월까지)이 지난 뒤에 같은 실험을 하니 모든 실험 집단이 100퍼센트 정답을 보였다. 이것으로 까마귀는 적어도 1년 동안 기억할 수 있음을 과학적으로 증명해 냈다고 할 수 있다. 까마귀들은 그들의 일상생활과는 관련이 없는, 접해 보지도 않은 인공적인 용기의 색(엄밀히 말하면 뚜껑)을 기억했다.

강연이나 세미나에서 이 실험을 소개할 때 사람들에게 "정답의 색을 기억해 두세요."라고 말해도 1시간 뒤에 "먹이가 든 용기 뚜껑 색이 뭐였나요?"라고 물으면 답하지 못하는 사람들이 꽤 있다. 까마귀의 기억력이 우수한 것일까? 사람의 집중력이 떨어진 것일까?

둥지 만들기와 비축행동에서 보이는 기억력

자연에서 살아가는 까마귀는 둥지 만들기에 좋은 나무와 철탑을 1년 뒤에도 기억하고 있는 것 같다. 몇 년 동안 같은 장소에 둥지를 만들고 있었다. 나도 야외에서 까마귀 육아를 4년 정도 관찰했는데 매년 같은 나무의 같은 가지에 둥지를 만드는 까마귀 부부가 있었다. 부부는 그 나무가 있는 장소와 특징 그리고 둥지를 만들기에 좋은 조건이라는 것을 기억하고 같은 곳에 둥지를 만든 것 같았다.

까마귀의 비축행동은 기억력 없이는 성립할 수 없다. 이런 사례로 보아 실험을 통해 보여 준 것 이상으로, 까마귀는 기억이 우수한 동물이다. 이와 같은 능력은 과학적으로 단기간 공간 기억 실험으로도 확인할 수 있다.

클라크잣까마귀*Nucifraga columbiana*가 넓은 장소에 씨앗 3만 개를 숨겨 놓았다가 6개월 후에 그 씨앗들을 찾아냈다는 사실도 보고되었다. 이는 까마귀의 기억 능력이 상당함을 알 수 있다.

5 학습 천재 까마귀

까마귀가 커닝을?

까마귀도 커닝을 할까? 커닝은 모방 학습, 즉 다른 까마귀가 하는 것을 흉내 내는 것이다. 당연히 새끼 까마귀는 부모에게서 많은 것을 배우고 어엿한 까마귀가 되기 위해 보고 따라하며 익힌다. 하지만 이것을 자연에서 관찰하기란 매우 어렵다. 함께 행동하기 때문에 부모 흉내를 내는 것인지, 선천적으로 그런 능력을 가지고 있어 성장하면서 나타나는 것인지 알 수 있는 결정적인 증거는 없다. 그래서 까마귀가 다른 까마귀의 행동을 보고 인식하는지 확인하는 실험을 했다.

노란색 종이 뚜껑을 찢으면 먹이를 먹을 수 있고, 파란색 종이 뚜껑을 찢으면 못 먹는 조건을 학습시켰다. 실험 방법은 앞선 식별 실험과 같다. 다른 점은 실험하는 우리에 그물망을 쳐서 공간을 나누고 한쪽에는 학습을 받는 까마귀를, 다른 한쪽에는 그것을 보는 까마귀를 두었다. 실험 결과 처음에 학습을 하는 까마귀가 정답을 고르기까지 2~3일 걸렸다. 그러나 그물망을 통해 2~3일 동안 그 상황을 지켜본 까마귀가 실험을 할 때는 처음부터 90퍼센트의 정답률을 보였다. 즉 체험하지 않고 정답을 맞힌 것이다. 이것은 옆에 있는 까마귀의 행동을 보고 학습한 것이라고 생각된다. 부모 까마귀의 행동을 보고 이처럼 먹이 잡기, 위험 피하기 등을 학습하는 것처럼 일상생활과 관련이 없는 게임 같은 행동도 까마귀는 보고 배운다는 것을 알 수 있다.

학습 환경이 좋아야 결과도 좋다

까마귀는 지능이 우수한 생물임에 틀림없다. 이번에는 그들의 약점을 엿보는 실험을 시작했다. 이 실험에서는 사람 얼굴 컬러 사진을 표식으로 학습시킨 후 까마귀에게 동일 인물의 흑백 사진과 얼굴 윤곽만 보이는 검게 칠한 사진으로 학습할 수 있는지를 보았다.

실험 방법은 사람 얼굴이나 남녀 얼굴 식별 방법과 거의 같다. 즉 남성 얼굴의 종이 뚜껑을 찢으면 먹이를 먹지만, 여성 얼굴의 종이 뚜껑을 찢으면 먹지 못한다. 컬러 사진을 사용한 실험에는 4마리의 까마귀, 검게 칠한 사진과 흑백 사진의 종이 뚜껑을 사용한 실험에는 각각 3마리의 까마귀를 사용했다. 그 결과, 컬러 사진을 사용한 실험에서 2마리는 이틀째 정답을 골랐다. 다른 2마리는 3~4일 걸렸지만, 최종적으로 10회 모두 성공했다. 4마리의 학습 성취일의 평균 일수는 2.75일이었다.

같은 얼굴의 흑백 사진과 검게 칠한 사진으로 한 실험의 경우는 8일이 지나도 어느 쪽도 정답을 고르지 못했다. 이 실험에서 까마귀에게 색채는 매우 중요한 정보임을 알 수 있었다. 흑백으로 하면 시각 정보에 착란을 일으킬 가능성이 있었다.

또 하나의 약점은 학습 장소의 넓이다. 사람은 초등학생일 때 공부방보다는 거실에서 공부하는 쪽이 능률이 오른다는 이야기가 있다. 잡음이 있거나 좁은 방에 갇히는 등 스트레스를 주면 주의가 산만해지기 쉬워 작업 효율이 떨어진다는 것이다. 까마귀의 경우는 어떨까?

학습 실험을 하는 공간의 넓이가 어느 정도 영향을 미치는지 실험했다. 넓이가 다른 3개의 환경으로 식별 실험을 했다. 케이지는 대형($300 \times 300 \times 300$센티미터), 중형($105 \times 67 \times 73$센티미터), 소형($60 \times 60 \times 45$센티미터) 세 종류로 준비했다. 방법은 역시나 양자택일 형식이다. 대형 케이지로 실험한 까마귀는 평균 3일 만에 학습 성취를 보였고, 중형 케이지는 4.5일, 소형 케이지는 9일이 걸렸다. 좁은 케이지에서는 공간 스트레스가 있었던 것 같다. 까마귀의 학습 능력과 작업 효율에는 공간 확보가 중요했다.

스트레스와 학습 효과에 관한 연구는 쥐를 대상으로 한 실험이 많다. 스트레스를 가하면 학습과 기억력이 낮아진다는 보고가 있다. 마찬가지로 이 실험을 통해 까마귀의 학습 환경이 중요함을 알 수 있었다.

이 실험은 고작 까마귀 이야기가 아니라 우리를 비추는 거울이다. 사람도 학습 환경이 나쁘면 능력을 잘 발휘할 수 없다. 학습 환경은 단지 공간과 물질만이 아니라 여러 요소가 복잡하게 얽힌 것이다.

까마귀는 날개 달린 영장류일까?

까마귀의 자제심

2017년 세계적인 학술지 《사이언스*Science*》에 까마귀에게 자제심이 있음을 밝힌 논문이 게재되었다. 스웨덴 연구팀은 상자에 돌을 넣으면 큰 먹이가 나오는 것을 큰까마귀에게 학습시켰다. 그런 다음 까마귀에게 돌, 작은 먹이, 쇠파이프 등의 도구를 놓고 고르게 했다. 까마귀가 하나를 고르면 15분 뒤 학습에 사용했던 커다란 먹이가 나오는 상자를 보여 주었다. 그러자 까마귀는 큰 먹이가 든 상자를 기대했는지 눈앞의 작은 먹이를 고르지 않고 돌을 골랐다. 눈앞의 이익(작은 먹이)보다는 앞을 내다보고 커다란 먹이가 든 상자에 사용할 돌을 고른 것이다. 까마귀의 자제심을 확인할 수 있는 실험이었다.

까마귀의 정보 전달, 경험을 전달하는 힘

학습 능력, 기억력이 우수한 까마귀는 그 지혜와 경험을 어떻게 공유할까? 이를 이해하기 위해 미국의 한 대학에서 흥미로운 실험을 했다.

까마귀에게 공포심을 주는 무서운 형상의 고무 마스크를 쓴 사람이 7마리의 미국까마귀*Corvus brachyrhynchos*를 포획해서 표식 밴드를 붙인 뒤 놓아주었다. 그런 뒤 까마귀에게 공포심을 준 고무 마스크를 쓴 사람과 일반 고무 마스크를 쓴 사람이 캠퍼스 내를 걸어 다니며 까마귀의 반응을 관찰했다.

그러자 무서운 고무 마스크를 쓴 사람이 걸을 때에 까마귀들이 일제히 높은 울음소리를 내며 화난 날갯짓을 하고 꽁지깃털도 움직이며 위험을 알리는 반응을 보였다. 반면 보통 일반 고무 마스크를 쓴 사람이 걸어 다니자 아무런 반응도 보이지 않았다.

연구팀은 캠퍼스 주변에서도 같은 실험을 했다. 그 결과 시간이 지남에 따라 '무서운 고무 마스크'에 반응하여 울음소리를 내던 까마귀들이 줄어들기는커녕 더 늘어났다. 실험 직후, 무서운 고무 마스크에 반응하여 울음소리를 낸 까마귀들은 캠퍼스 주변 전체 까마귀의 20퍼센트 정도밖에 되지 않았지만 5년 후에는 60퍼센트로 늘었다. 놀랄 정도로 늘어난 것이다.

반응을 보인 까마귀 일부는 처음 잡힌 까마귀들의 새끼들이었다. 그들은 새끼였을 때 위험에 대응하는 부모의 모습을 가까이에서 보고 학습한 것으로 보인다.

또한 울음소리를 낸 까마귀 중에는 실험에 직접 참여하지 않았던 까마귀들도 있었다. 실험 장소에서 1~2킬로미터 떨어진 곳에서 살고, '무서운 고무 마스크'에게 어떤 위협도 당한 적이 없는 까마귀들이었다. 이 까마귀들은 무리의 반응을 통해서 위협을 배운 것으로 보인다.

연구팀은 까마귀는 세 갈래의 정보 원천에서 정보를 취급하는 능력이 있다고 결론지었다. 첫째, 직접 체험, 둘째, 부모로부터 새끼에게 가르치는 수직 정보 전달, 셋째, 다른 까마귀 사이의 수평 정보 교환이다. 모방 실험 결과에서 까마귀에게 흉내를 내는 능력이 있다고 소개했지만 까마귀의 정보 공유는 나의 상상을 뛰어넘었다.

까마귀의 사회적인 뇌 가설

사회적인 뇌는 무리 안에서의 순위와 친화 관계를 이해하고, 자신의 위치와 다른 개체와의 사회적 관계를 이루는 지성의 요소 중 하나다. 지금까지는 사람과 원숭이 등 영장류에서만 보이는 것으로 알려져 있지만 까마귀도 사회적인 뇌를 가지고 있다는 것이 최근 연구로 밝혀졌다. 이 연구에서는 까마귀가 자신의 그룹은 물론, 다른 그룹에서 순위 관계와 그 순위가 역전되는 것 등을 관찰로 이해하고 있다.

이와 같은 능력은 이른바 제3자적 관점으로 사회성이 있는 동물에서는 매우 중요한 것이다. 영장류는 사회 관계 인지의 필요성에서 대뇌겉질의 면적을 넓히듯 뇌를 진화시켰다는 사회적인 뇌 가설이 있는데, 커다란 뇌를 가진 까마귀에게도 사회적인 뇌 가설이 맞다는 것이 밝혀진 것이다. 까마귀는 날개 달린 영장류가 아닐까?

5장
까마귀의 오감

1 예민한 까마귀의 감각

까마귀는 매우 영리한 새다. 나뭇가지, 철사, 동물의 털 등을 사용하여 둥지를 만든다. 적당한 길이의 나뭇가지로 바깥 구조를 짜고, 필요에 따라 가지 길이를 조절한다. 까마귀가 둥지를 만드는 시기에 커다란 나무 아래를 걸으면 '우지직, 우지직' 소리가 들린다. 까마귀가 작은 나뭇가지를 꺾고 있는 소리로 부리를 잘 돌려서 방해가 되는 작은 가지를 떨어뜨린다. 작은 나뭇가지를 둥지로 옮긴 후 마치 도면을 보고 만드는 것처럼 둥지의 작은 가지들과 잘 엮는다. 또한 깃털 다듬기인 그루밍도 하는데 상대의 깃털을 부리로 부드럽게 살살 다듬는다. 이런 행동은 모두 부리로 가능한 기술이다. 부리로 가지를 부러뜨릴 수 있는 시기나 가지의 시든 정도를 어떻게 판단하는 것일까?

까마귀 등 새들은 농작물이 익어 가는 것도 파악한다. 이런 능력 덕분에 사람에게는 미움을 산다. 쓰레기장에서도 반투명 봉투 안을 볼 수 있고, 생활쓰레기에서 나오는 물을 보면 쓰레기봉투를 과감하게 찢어 버린다. 이런 사례를 보면 까마귀는 두뇌만이 아니라 오감(시각, 청각, 미각, 후각, 감각)도 탁월한 것이 틀림없다.

2 뛰어난 시각 능력

하늘에서는 망원경, 땅에서는 확대경이 되는 새의 눈

까마귀를 포함해 조류의 시각은 매우 좋다. 특징 중 하나는 수정체(렌즈)의 초점 조절 기능이다. 일반 동물의 안구는 바깥쪽부터 각막, 수정체, 유리체, 망막 순으로 되어 있다. 각막에서 유리체까지는 투명하고, 수정체는 빛과 화상을 망막으로 모으는 집광기로서의 역할을 한다. 포유류의 원근 조절이 모양체근이라는 근육에 의해 두께를 조절하여 이루어진다면 조류는 수정체 두께를 변화시키는 것 외에 각막을 활처럼 굽힐 수 있어서 2중의 원근 조절 구조를 가지고 있다.

조류의 수정체를 조절하는 근육으로는 브뤼케근Brucke's muscle과 크램프턴근crampton's muscle 2종류가 있다. 이 근육들의 부착을 위하여 조류의 안구에는 링 형태의 공막고리뼈가 있다. 그리고 포유류의 수정체 두께를 조절하는 모양체근은 평활근이지만 조류는 횡문근이다. 따라서 수정체 두께를 의도적으로 조절할 수 있다. 이런 기능이 먼 하늘 위에서 먹이를 포착하고 잡을 수 있게 해 준다. 높은 하늘에서 지상의 작은 먹이를 발견할 때에는 망원경처럼 사용하고, 지상으로 내려와서 가까운 것을 보고 싶을 때에는 확대경처럼 수정체를 조절한다. 까마귀도 예외가 아니다. 많은 새와 똑같이 원시·근시 겸용 렌즈를 가지고 있다. 크램프턴근으로는 각막, 브뤼케근으로는 수정체의 굽은 정도를 조절한다.

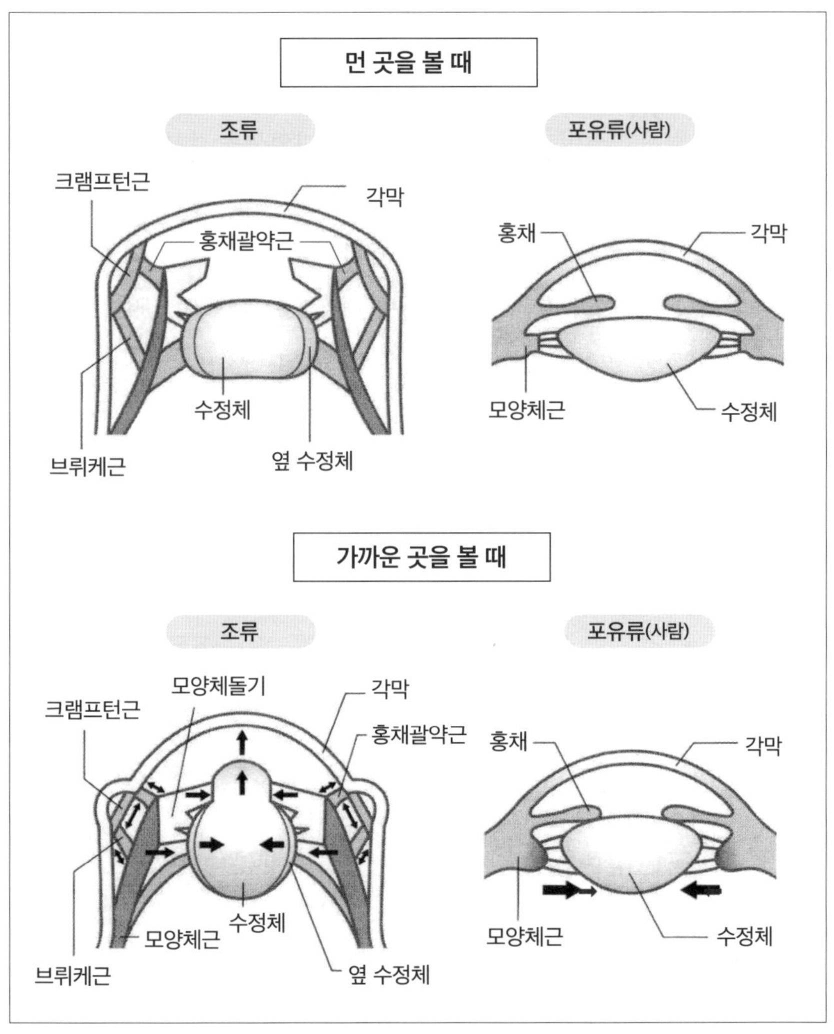

조류 눈의 원근 조절. 포유류는 수정체의 두께를 모양체근으로 조절하지만 조류는 거기에 각막을 만곡시켜 원근 조절을 2중으로 한다(출처:《새의 감각 기관》아비코시새박물관자료 수정).

까마귀의 색 감각은 4색형, 인간은 3색형

조류는 색 감각이 뛰어나다. 색 감각은 빛 파장의 차이를 식별하는 감각이지만 빛 파장의 차이를 식별하는 것은 망막의 시세포에 있는 시각 물질의 종류에 따라 결정된다. 사람은 삼원색의 시각 물질을 가지고 있어서 빨강, 초록, 파랑을 감지하는 3색형 색 감각이고, 조류는 자외선 영역에 감도가 높은 시각 물질을 가지고 있어서 빨강, 초록, 파랑과 자외선을 감지하는 4색형 색 감각을 가지고 있다.

까마귀와 포유류의 각막, 수정체, 유리체의 투과율을 비교해 보면 포유류는 수정체에서 자외선이 차단되지만, 까마귀는 자외선이 차단되지 않고 망막까지 이른다. 역시 까마귀는 자외선을 감지할 수 있다.

공동 연구자인 우츠노미야 대학교의 이고 마사유키 교수(생물유기화학)는 시각 물질 유전자군의 클로닝cloing(클론을 만드는 일)에서 까마귀가 색을 받아

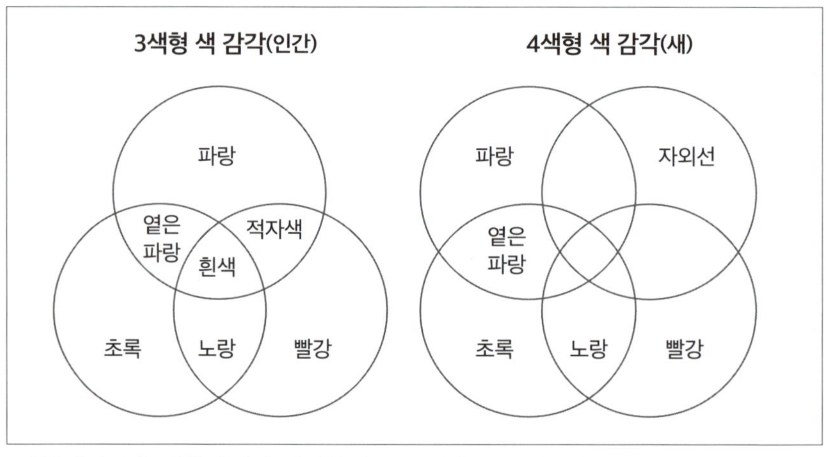

3색형 색 감각과 4색형 색 감각. 사람의 시세포는 빨강, 초록, 파랑의 3가지 색에 대한 시각 물질을 가지고 있으며 각각의 색을 조합하여 다채로운 색을 느낀다. 새는 이 3색에 자외선을 추가하여 감지할 수 있다.

들일 수 있는 시각 물질이 4종 존재함을 밝혔다. 단순히 해 봐도 사람의 경우 3×2×1만큼의 색 조합이 가능하지만, 까마귀는 4×3×2×1 조합만큼 가능하기에, 사람은 무지개를 7가지 색으로 보지만 까마귀는 더욱 다채로운 색으로 보지 않을까 상상해 볼 수 있다.

시각세포의 구조

파장이 다른 빛을 받은 각각의 시각세포(빛을 받아들여 사물을 볼 수 있게 하는 감각세포)가 받은 빛 파장의 정보를 신경회로를 거쳐 뇌로 보내면, 그 정보를 기반으로 뇌에 색이 구성된다. 실제로 처음 받은 빛의 정보를 얼마나 조합하여 화상畫像(물체에서 나온 광선이 반사 굴절 후 다시 뭉쳐 그 물체와 같은 모양의 상을 만드는 일)이 만들어지는지 상상이 가지 않는다. 게다가 망막에서 처리된 시각 정보가 뇌에 도달하여 화상으로 처음 인식되기 때문에 그 과정 중

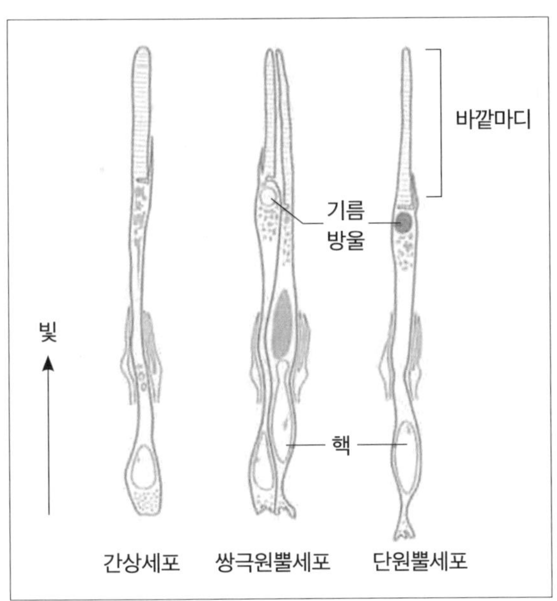

시각세포의 종류와 기름방울. 시각세포에는 서로 다른 색의 기름방울이 있는데, 종류에 따라 특정 파장을 자르거나 강하게 한다(출처:《새의 감각 기관》아비코시새박물관 자료 수정).

하나를 꺼내도 구조를 설명할 수 없을 만큼 시각의 생리는 복잡하다.

까마귀의 망막에는 색 감각의 감수성을 높이는 기능이 있다. 시각 물질이 있는 디스크층에 빛이 도착하기 전에 필터 역할을 하는 기름방울은 5마이크로미터 정도의 작은 방울로 불필요한 빛의 파장을 차단한다. 기름방울은 해부할 때 세포가 살아 있는 짧은 시간 동안 신선한 망막을 슬라이드 글라스에 펼치고 현미경으로 10배, 20배로 관찰하면 볼 수 있다. 현미경으로 망막을 관찰하면 빨강, 노랑, 초록, 파랑, 주황, 투명한 작은 방울들이 망막의 중심부에서는 조밀하게, 주변부에서는 간간이 보인다. 실제로 보면 매우 아름답다.

기름방울의 색과 수, 종류는 새의 종류에 따라 다르다. 예를 들어 까마귀는 빨강, 파랑, 노랑, 투명한 방울이 같은 비율로 보이지만, 청둥오리는 노란색의

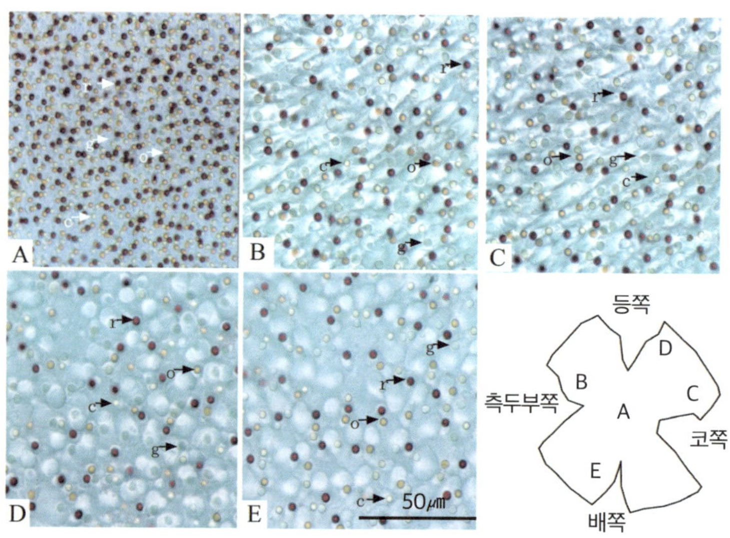

A : 중심부   B : 측두부쪽   C : 코쪽   D : 등쪽
E : 배쪽   r : 빨강   c : 투명   g : 초록   o : 노랑

까마귀 망막의 기름방울 분포.
부위에 따라 그 분포가 다르다.

기름방울이 많다. 이것은 새들이 어떤 색의 빛을 자주 느끼는지를 알 수 있게 한다.

망막에서 뇌로

망막에는 수평세포horizontal cell, 쌍극세포, 아마크린세포, 신경절세포 등 여러 세포가 있다. 각 시각세포에서 받은 정보를 조합하는 역할을 하는 것은 수평세포고, 쌍극세포는 수평세포에서 정보를 가져와 신경절세포로 보낸다. 신경절세포는 들어온 정보를 몇 개로 나누어 망막에서 뇌로 보낸다. 아마크린세포는 쌍극세포가 정보를 원활히 보내는지를 조정하는 역할을 한다.

신경절세포는 망막과 뇌를 연결하는 중요한 세포로 이것이 많을수록 망막에서 뇌로 보내지는 시각 정보의 양이 많아진다. 까마귀 망막에 신경절세포가 얼마나 있는지 분배 밀도를 조사해 보니 350만 개나 있었다. 사람이 100만 개 정도이니 까마귀가 사람보다 눈이 좋다는 것은 증명된 셈이다.

또한 망막을 관찰해 보면 신경절세포가 특히 고밀도로 존재하는 곳이 두 군데 있다. 하나는 눈의 중심 부위인 중심와fovea이고, 하나는 눈 뒤쪽 부위인 측두중심와temporal fovea다. 이 영역에는 1제곱밀리미터당 약 2만 개의 신경절세포가 있다. 신경절세포의 밀도는 망막 주변으로 향하면서 서서히 낮아져 망막 주변부에서는 1제곱밀리미터당 2,000개로 낮아진다.

신경절세포 밀도가 균등하지 않은 것은 까마귀만 그런 것이 아니라 안구가 있는 대부분의 동물이 그렇다. 물체를 볼 때 망막 중심이 가장 감도가 높은 부위다. 따라서 동물은 물체를 잘 보고 싶을 때 대상을 정면으로 본다. 까마귀는 안구가 옆에 붙어 있어 앞쪽을 볼 때는 뒤쪽의 망막에 상이 맺힌다. 신경절세포가 뒤쪽에 고밀도로 있기 때문이다.

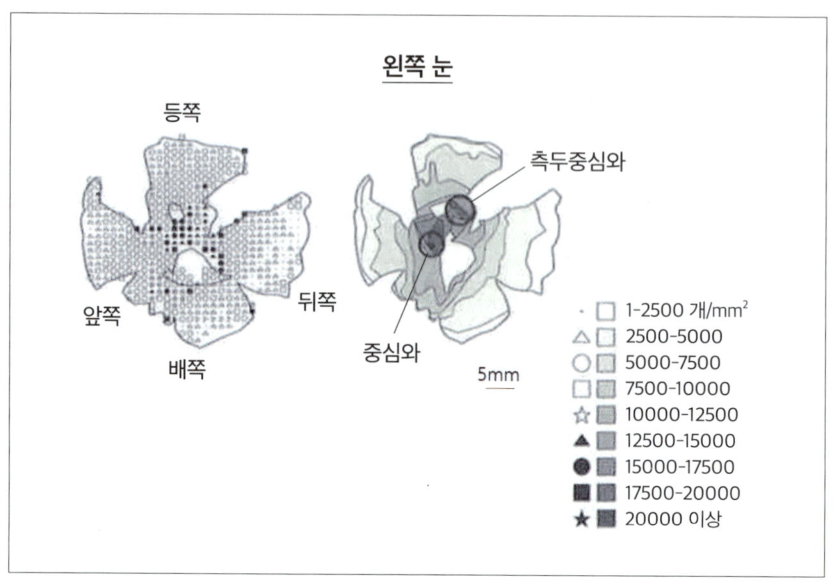

까마귀 신경절세포의 밀도 분포. 눈 중심부와 뒤쪽의 윗부분(동그라미 부분)의 두 군데에 밀도가 높은 영역이 보인다.

까마귀가 좋아하는 색, 싫어하는 색

싫어하는 색 따위는 없어

까마귀의 망막에는 4원색의 시각 물질이라는 4종류의 기름방울이 있다. 까마귀도 다른 새들처럼 다양한 색을 구별할 수 있고, 화사하고 다채로운 색 감각을 가진다. 까마귀는 색에 대한 호불호가 있을까? 만약 까마귀가 싫어하는 색이 있다면 그 색을 쓰레기장이나 창고, 그물망에 칠하면 까마귀를 못 오게 할 수도 있지 않을까?

이 발상이 괜찮았는지 도료 회사가 연구실에 연구 의뢰를 해왔다. 학교 건물 옥상에 빨강, 노랑, 초록 등으로 페인트를 칠한 가로×세로 각각 1미터 크기의 패널을 무작위로 배치하고, 그 위에 까마귀들이 좋아하는 개 사료를 두고 어느 패널의 먹이를 먹으러 오는지 관찰했다. 하지만 아쉽게도 까마귀는 특별히 좋아하는 색도 싫어하는 색도 없었다.

어떤 색을 잘 볼까?

색의 호불호가 아닌 까마귀가 어떤 색을 잘 보는지에 대해 실험했다.

빛 파장이 410나노미터nm(보라), 472나노미터(파랑), 505나노미터(초록), 589나노미터(노랑), 601나노미터(주황), 630나노미터(빨강)인 LED(light-emitting diode발광 다이오드)를 사용하여 까마귀가 어느 파장에 민감하게 반응하는지를 살펴보았다.

실험은 사람의 시력과 비교했다. 예를 들어 472나노미터(파랑)의 경우 사람을 까마귀가 실험하는 곳으로 들여보내고, 같은 장치를 사용하여 발광 다이오드의 출력을 낮춰 사람이 그 빛을 볼 수 없을 때의 빛 에너지량(방사조도)을 구한다. 까마귀에게도 그 빛이 보이지 않게 되는 때의 빛 에너지량을 구한다. 이렇게 빛 파장별(보라, 초록, 노랑, 주황, 빨강)로 사람과 까마귀가 어떤 색을 잘 보는지 비교했다.

결과적으로 까마귀는 보라, 파랑, 빨강 순으로 민감도를 보였다. 달리 말하면 까마귀는 짧은 파장을 잘 본다. 410나노미터 파장에서는 사람이 겨우 빛을 느끼는 1/14 정도의 밝기만 있어도 까마귀는 잘 본다. 실제로 빨강과 파랑의 경우 사람이 확인할 수 없을 정도의 빛 출력의 반이어도 까마귀는 느낄 수 있었다. 또한 앞에서 말했듯 단파장인 자외선을 보는 능력도 있다.

학습 능력을 올리는 색

빛으로 학습 능률이 오른다면 얼마나 기쁠까? 학습 능력을 올리는 색에 관한 실험을 시작했다. 앞의 실험과 마찬가지로 정답을 고르면 먹이를 먹을 수 있는 방식으로 했다.

앞의 실험에서 까마귀는 보라, 파랑, 빨강 순서로 색을 잘 봤다. 그래서 정답을 보라로 했을 경우, 파랑으로 했을 경우, 빨강으로 했을 경우, 파랑과 빨강의 중간인 초록으로 했을 경우, 또는 노랑으로 했을 경우 어떤 결과가 나올지 검증해 보았다. 정답인 색의 빛이 보이는 먹이 상자를 부리로 쪼면 먹이를 먹을 수 있고, 틀리면 아무것도 못 먹는 방법으로 하여 하루에 10회 실험을 했다. 9회 연속으로 정답을 고르면 학습 성취로 인정했다.

이 실험에도 발광 다이오드를 사용했다. 결과적으로 보라와 파란빛에서는 학습 성취까지 약 4일, 빨간빛에서는 약 6일, 초록과 노란빛에서는 약 9일이 걸렸다. 까마귀가 잘 보는 빛으로 학습 실험을 하면 정답을 더 빨리 선택한다는 사실을 알 수 있었다.

멀리서도 진짜 햄과 모형을 식별하는 능력

식당의 음식 모형은 진짜와 손색이 없을 정도로 점점 더 잘 만들어서 어느 쪽이 진짜인지 모를 정도다. 그러나 까마귀는 이 차이를 간단히 알아보는 것 같다. 까마귀에게 모형 햄과 진짜 햄을 같이 보여 주자 100퍼센트에 가까운 확률로 진짜 햄을 골랐다. 1미터 정도 떨어진 곳에서 망설임 없이 진짜 햄 쪽으로 날아갔기 때문에 후각이 아닌 시각으로 판단한 것이다. 까마귀는 시각 정보 중 무엇을 기준으로 모형과 진짜를 구분하는 것일까?

음식 모형과 진짜 햄의 빛 파장 반사율을 측정했다. 그 결과 음식 모형 쪽이 더 많은 자외선을 반사했다. 자외선이 판단 기준이 될 가능성이 있다고 생각하고 음식 모형과 진짜 햄을 자외선 차단 필름으로 덮은 다음 까마귀에게 동시에 보여 주자 까마귀가 진짜 햄을 고르는 확률이 낮아졌다. 이것을 통해 까마귀는 햄에서 반사되는 자외선으로 진짜와 가짜를 구분한다고 볼 수 있었다.

까마귀의 쓰레기 파헤치기 대책은 실패했다

실험으로 까마귀가 물체를 보는데 자외선이 중요한 요소임을 알았다. 이 점을 이용하면 까마귀를 쫓을 수 있지 않을까. 색은 시각 정보를 사용하는 요소, 즉 빛의 3원색인 빨강, 초록, 파랑 중 어느 하나라도 없으면 구성이 안 된다. 그래서 이를 받아들이는 시세포에 결함이 있으면 색맹이 된다. 까마귀는 빨강, 초록, 파랑, 자외선의 4색형 색 감각을 가지고 있어 그중 어느 하나라도 차단되면 색을 식별할 수 없을 것이다. 앞의 음식 모형 실험에서도 자외선을 차단하자 진짜와 가짜를 구별하지 못한 게 근거가 될 수 있다.

이를 까마귀의 쓰레기 파헤치기 대책으로 응용할 수 있지 있을까? 까마귀가 도시에서 쓰레기를 파헤치는 것은 큰 문제다. 까마귀가 안을 볼 수 없는 봉투를 개발하는 것이 이 문제를 해결하는 데 도움이 될 것 같았다. 쓰레기봉투가 까만 시절에는 쓰레기 파헤치기가 그리 심각하지 않았다. 그런데 반투명 봉투를 사용하면서 까마귀가 봉투를 찢고 파헤치게 되었다. 따라서 자외선을 투과시키지 않는 쓰레기봉투를 기업과 공동으로 개발하기로 했다. 자외선을 차단하면 까마귀는 봉투 안의 색이 안 보여 무엇이 들어 있는지 모르게 된다. 이 아이디어로 만든 자외선 차단 쓰레기봉투와 보통 쓰레기봉투에 까마귀 먹이를 넣고 관찰해 보았다. 그 결과 자외선 차단 쓰레기봉투는 안이 보이지 않아 쪼는 시늉만 하게 되었다.

이 결과를 토대로 자외선 차단 소재를 사용한 쓰레기봉투를 모 회사와 제품화하기로 했다. 까마귀에게는 안이 보이지 않지만 쓰레기 수거 청소원들에게는 평소의 봉투 그대로 반투명이기에 작업 시에도 문제가 없어 마법의 쓰레기봉투로 평판이 좋았다. 오이타현의 우스키에서 이 봉투를 가장 먼저 도입했다. 까마귀가 쓰레기를 파헤치러 오지 않는 쓰레기봉투라고 현장에서도 효과가 입증되었다. 하지만 단가가 높았다. 게다가 자외선 흡수를 위해 노란색 안료를 쓰레기봉투에 넣었더니 노란색이라면 무조건 까마귀가 오지 않는다는 오해가 생겨서 노란색 가짜 쓰레기봉투가 나왔다.

여전히 까마귀는 노란색을 싫어한다고 생각하는 사람들이 있다. 까마귀는 싫어하는 색이 없다. 중요한 건 색이 아니라 자외선이다. 자외선 차단 효과가 없으면 쓰레기 파헤치기 방지 효과도 없다.

3 청각이 뛰어나지는 않지만 남다른 능력이 있다

까마귀는 귀가 있어? 없어?

새는 영역을 주장하거나 구애 활동을 할 때 지저귀는 소리를 낸다. 새에게도 소리를 통한 소통이 있다. 소리에 여러 가지 의미가 있으므로 소리를 구분하려면 청각이 필요하다. 그렇다면 소리를 구분하는 까마귀의 귀는 어디에 있을까?

포유류는 귀가 잘 보인다. 그러나 까마귀는 물론 새는 귀 같은 형태의 무언가가 없다. 하늘을 나는 데 방해가 돼서 없나? 하지만 울음소리를 듣고 위험을 감지하는 것을 보면 귓바퀴는 없어도 귀 같은 구조는 있어야 한다. 귀가 있을 만한 곳을 샅샅이 찾다 보면 부리 언저리에서 뒤쪽을 향해 부채선상으로 펼쳐진 깃털이 보인다(3장 참조). 이를 귀깃털이라고 하는데 귀깃털을 들추면 지름 6밀리미터 정도의 귓구멍이 보인다.

소리 전달이 포유류에 비해서는 효율이 적다

귓구멍 안으로 들어가면 막다른 곳에 고막이 있다. 고막은 여느 동물처럼 바깥귀(외이)에서 들어오는 공기의 진동을 큰북의 가죽막처럼 진동시켜 가운뎃귀(중이)와 속귀(내이)에 진동을 전달한다. 고막이 얇으면 작은 진동에도 반동이 생기고 면적이 크면 낮은 음역도 들을 수 있다. 까마귀의 고막은 다른 새들보다 얇고 커서 작은 소리에도 민감하고 들을 수 있는 영역도 넓다.

알려진 까마귀의 들을 수 있는 영역은 미국까마귀 300~8,000헤르츠, 감도가 최고로 높은 범위는 1,000~2,000헤르츠라는 보고가 있다. 미국까마귀는 소형 까마귀로 일본의 까마귀와 비슷해서 들을 수 있는 영역도 미국까마귀와 비슷할 것이다. 한편 큰부리까마귀는 까마귀*Corvus corone*보다 몸이 크고 울음소리 폭도 성문聲紋(주파수 분석 장치를 이용하여 음성을 줄무늬 모양의 그림으로 나타낸 것. 지문처럼 개체마다 고유의 형상이 있다)으로 보면 10,000헤르츠를 넘는다. 서로 목소리를 듣는다는 것은 들을 수 있는 영역이 이 정도 되지 않으면 소통이 되지 않는다는 의미다.

바깥귀의 음파를 받아 진동하는 것은 고막이지만 그 진동을 속귀로 전달하는 것은 포유류에서는 가운뎃귀에 있는 청소골(망치뼈, 모루뼈, 등자뼈)이다. 고막이 진동하면 망치뼈가 움직이고, 연쇄적으로 모루뼈, 등자뼈가 진동을 속귀로 전달한다. 그러나 까마귀에게는 이 3개의 뼈가 다 있는 것이 아니라 가느다란 등자뼈 하나밖에 없으며, 이 뼈가 고막 뒤에서 나와 실 전화처럼 속귀에 연결된다. 그러니 3개의 뼈가 연쇄적으로 연결되어 있어 소리를 전달하는 포유류보다 까마귀는 조금 효율이 나쁠 것이다.

개가 짖는 소리를 따라하는 까마귀

큰부리까마귀는 사람과 동물의 소리를 흉내 낸다는 목격담이 많다. 나도 "멍멍" 하는 강아지 소리를 내는 까마귀를 본 적이 있다. 머리 위에서 "무어엉, 무어엉", "몽몽"이라는 소리가 나길래 올려다보니 새까만 까마귀가 열심히 머리를 위아래로 흔들면서 짖고 있었다.

이는 까마귀가 여러 가지 소리를 구별할 수 있는 청력이 있음을 의미한다. 까마귀끼리도 40종류 이상의 울음소리를 주고받는데 70종류 이상이라는 문헌도 있다. 까마귀가 소리에 관해서도 아주 탁월한 감각을 지니고 있음을 알 수 있다.

까마귀에게 몇 가지 음악을 들려주고 선율의 차이, 악기의 차이, 연주자의 차이를 구별할 수 있는지를 확인해 본 적이 있다. 다른 연주자가 같은 악기로 같은 선율의 연주를 했을 때는 구별하지 못했지만 곡의 차이와 악기의 차이 정도는 구별했다. 까마귀는 청각 구별 능력은 꽤 있다고 볼 수 있다.

4 맛은 그다지 잘 느끼지 못한다

미식가는 아니지만 어느 정도의 맛은 안다

까마귀는 계절에 따라 선호하는 것이 다르다. 좋아하는 먹을거리가 있다는 것은 맛이나 냄새를 느낀다는 뜻이다. 앞에서 설명한 대로 까마귀는 눈이 좋아서 눈으로 즐기는 식생활을 할 가능성이 충분하지만 같은 색 계열이라도 빨간 계통의 사과나 당근보다는 회나 고기를 더 선호하는 것을 보면 맛을 알고 있다고 할 수 있다.

포유류는 혀 표면에 미뢰라는 맛 수용기가 있다. 까마귀의 미뢰 분포를 조사해 보니 혀에만 있는 것으로 알았던 미뢰가 입천장이나 혀 밑에도 넓게 분포되어 있었다. 가장 많이 분포된 곳은 당연히 혀에 해당하는 혀의 기저부다. 전체적으로 580개 정도의 미뢰가 있지만 그중 혀 부위의 미뢰는 50퍼센트다. 인간이 가지고 있는 9,000개 정도의 미뢰에 비해 적지만 청둥오리 375개, 오리 150개와 비교하면 많은 편이다. 이 정도의 미뢰면 미식가는 아니더

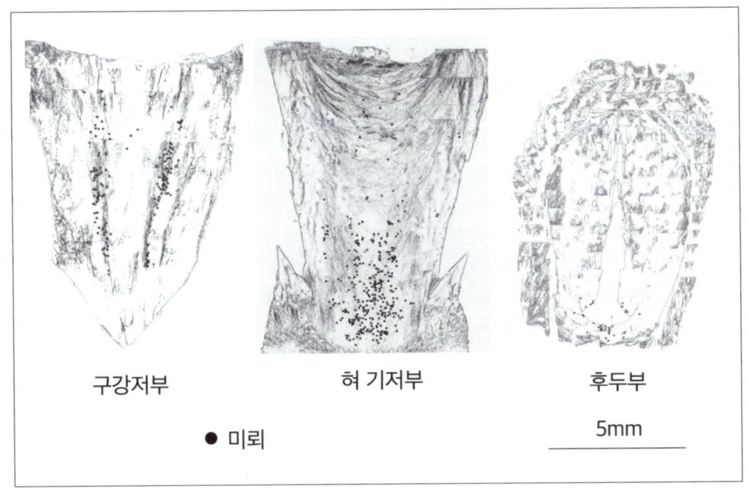

라도 맛을 어느 정도 아는 것이다.

음식으로 까마귀 기피제를 만드는 건 실패

까마귀가 싫어하는 맛을 안다면 까마귀에 대한 대책을 세울 수 있을 것 같아 미각 실험을 했다. 맛의 기본인 짠맛, 매운맛(매운맛은 맛보다 통각으로 받아들인다), 단맛, 쓴맛, 신맛으로 조사했다. 각각의 맛을 내는 물질로 짠맛은 염화나트륨, 매운맛은 캡사이신, 단맛은 수크로스, 쓴맛은 퀴닌, 신맛은 아세트산을 사용했다.

결과를 보면 쓴맛과 신맛이 섞인 먹이에서 섭취량이 90퍼센트 정도 줄었다. 매운맛은 50퍼센트 감소, 짠맛은 까마귀별로 변동이 커서 섭취량이 줄었다고는 할 수 없다. 단맛은 아무 맛도 넣지 않은 것과 차이가 없었다. 좋아하지도 싫어하지도 않는 것일 수 있고, 단맛 자체를 느끼지 못하는 것일 수도 있다. 결과적으로 좋아하지 않는 맛이 있다는 것은 알 수 있었지만 아예 먹지 않거나 바로 뱉는 등의 적극적인 반응은 없었다. 어느 쪽도 조금씩은 먹었기 때문에 미각을 이용하여 까마귀 기피제를 만드는 것은 어려웠다. 맛이 없다는 것을 기억시킬 수 있는 정도였다.

5 냄새에 둔감하다

냄새에 둔감한 까마귀

까마귀가 싫어하는 냄새를 안다면 까마귀 대책에 도움이 될 수 있다. 까마귀는 얼마나 냄새를 잘 맡을까? 까마귀는 썩은 음식이 든 쓰레기도 파헤치고 매립지의 쓰레기도 파헤친다. 사람은 도저히 다가갈 수 없는 악취가 나는 장소도 아무렇지 않게 다닌다. 그래서 까마귀는 냄새에 그다지 민감하지 않다고 생각했다.

사람들은 모든 동물의 후각이 좋다고 생각한다. 특히 까마귀의 후각이 뛰어나서 쓰레기봉투를 뒤진다고 믿는다. 까마귀가 기피하는 물질을 개발해서 테스트를 하기 위해 관계자들이 연구실로 찾아왔다. 냄새에 의한 까마귀 대책 효과는 그다지 기대할 수 없다고 설명해도 이미 시제품이 완성되었으니 테스트를 해 보고 싶어 했다. 시제품 중에는 냄새 때문에 테스트를 담당한 학생이 현기증을 호소하거나 옆 연구실에서 우리 연구실을 빼라고 요구하는 일도 있었다. 이렇게 고생을 하는데도 테스트 결과는 늘 나빴다.

신문 기자들도 "냄새 실험을 하고 싶습니다.", "유통기한이 지난 음식과 그렇지 않은 음식을 아는 까마귀의 영상을 찍고 싶습니다." 등 어려운 주제를 들고 온다. 이런 실험이 성공한다면 마약탐지견이 아니라 마약탐지 까마귀로 그동안의 오명을 벗고 명성을 얻을 수도 있을 것이다.

그러나 까마귀는 후각이 그다지 좋지 않다. 냄새 실험을 별로 하고 싶지 않지만 거절하기 힘들어서 받아들이기도 한다. 후각이 좋지 않아도 자극적인 냄새는 통각이 자극되기 때문에 혹시 효과가 있지 않을까 기대하면서! 사람이 참을 수 있는 수준의 냄새이기를 바라면서!

아주 둔한 후각

까마귀 코는 어디에 있을까? 언뜻 보면 코가 있는지 도통 알 수가 없다. 까마귀 콧구멍은 부리 부근에 있으며 브러시 같은 코깃털로 덮여 있다. 지름은 7밀리미터 정도. 무슨 이유로 콧구멍이 깃털로 덮여 있는지 확실히 밝혀지진 않았지만 아마도 하늘을 날 때 필요 이상으로 공기가 들어오는 것을 막는다든가 비가 들어오지 않게 하는 것일 수 있다.

동물이 외부 환경을 확인하는 방법은 여러 가지가 있지만 대체로 시각과 후각에 의존한다. 그러나 까마귀의 후각 능력에는 의문이 든다. 까마귀 뇌를 해부하면 냄새 정보를 받는 중추인 후각망울이 흔적 정도밖에 보이지 않고, 후각 신경의 굵기도 비둘기와 닭의 3분의 1 정도다. 일반적으로 조류의 후각은 포유류와 비교하면 발달하지 않았지만 새 중에서도 까마귀는 후각이 아주 둔하다.

후각 실험으로 확인하다

까마귀의 후각이 얼마나 둔한지 실험을 했다. 진짜 쇠고기와 쇠고기를 비벼 냄새만 묻힌 쇠고기 모형을 배열했다. 그러자 까마귀는 망설임 없이 진짜 쇠고기를 골랐다. 이는 후각이 아닌 시각으로 판단했다는 근거다.

다른 실험에서는 까마귀가 좋아하는 개 사료가 들어 있는 접시와 개 사료가 들어 있지 않은 접시에 시각적으로 판단이 서지 않도록 무늬 없는 흰색 뚜껑을 덮었다. 그리고 냄새가 밖으로 새도록 뚜껑에 구멍을 몇 개 뚫었다. 게다가 안에 있는 개 사료를 따뜻한 물에 불려 냄새가 더욱 강하게 나도록 했다. 냄새만으로도 개 사료가 어디에 있는지 알 수 있을 정도였다. 이런 조건에서 실험했지만 정답률은 50퍼센트였다. 까마귀는 어느 접시에 개 사료가 들어 있는지 전혀 알지 못했다. 이 실험만 봐도 까마귀의 후각은 둔감한 것이 확실하다.

6 섬세한 감각 기관, 부리

옷걸이를 물어와 둥지 재료로 사용하는 섬세함

까마귀, 특히 큰부리까마귀는 부리 길이가 7센티미터 정도다. 부리는 위쪽이 아래쪽보다 길고 끝이 날카롭다. 이 부리를 보고 '까마귀는 무서워', '저 부리로 덤벼든다면…'이라며 뒷걸음치는 사람도 있다.

그러나 부리는 그루밍을 하고, 둥지를 만들고, 새끼에게 먹이를 주는 젖병이나 숟가락이 되기도 하는 등 매우 섬세한 작업을 담당한다. 사람의 손과 같다. 2마리의 까마귀가 전선 위에서 사이좋게 그루밍을 하거나 둥지의 재료가 되는 가지를 세심히 꺾는 모습도 봤다. 더 대단한 것은 어디에서 물어온 옷걸이를 구부려서 둥지 재료로 사용하는 것이다. 그야말로 한 땀 한 땀 장인정신이 깃들어 있다. 이처럼 섬세한 작업을 하려면 감각이 뛰어나야 한다.

일당백을 하는 까마귀 부리의 감각을 조사하지만 우리 연구실은 해부학을 하는 곳이다. 자극을 주고 거기에 반응하는 신경의 전기 변화를 관찰하는 등의 실험을 하는 곳이 아니다. 그래서 해부학의 장점을 살리는 '해부해서 보는' 방법을 선택했다.

단순하지만 여러 기능을 하는 감각 기관, 부리

큰부리까마귀의 큰 부리를 해부해 어떤 신경이 있는지를 알아봤다. 부리 신경망을 밝히는 부리 해부는 이 연구에 흥미를 보이는 하야시 미사 학생을 중심으로 프로젝트를 진행했다.

부리 해부는 연구실에서는 처음 하는 것이었다. 무리라는 생각이 들면서도 일단은 메스를 댔다. 부리가 너무 딱딱해 난관에 봉착했다. 메스로는 안 돼서 부수기로 했다. 뼈 집게로 부리 측면에 구멍을 뚫고 신중하게 구멍을 넓혀 나갔다. 그러자 신경 같은 것이 보였다. 처음에 보인 것은 3차 신경의 분지인 눈신경이었다. 1~2밀리미터 굵기로 육안으로도 확인할 수 있었다. 신경줄기에서 여러 가닥의 가느다란 신경이 부리 표면을 향하여 갈라져 있는 모습이 보였다. 감각기는 이 신경의 끝에 있다.

해부학적으로 감각기를 확인하는 것은 미시 세계다. 이런 딱딱한 부리에 사람의 손가락 끝과 입술처럼 부드럽게 둘러싸인 감각기가 있을까 싶었다.

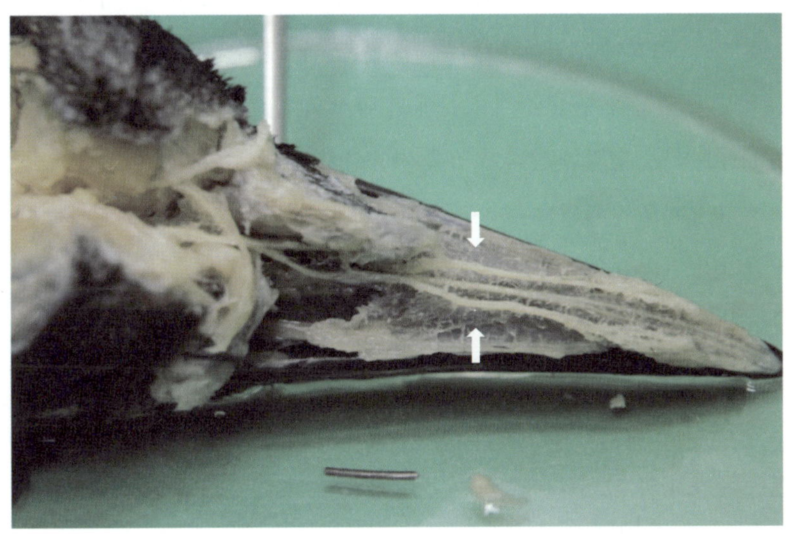

까마귀 부리의 신경. 부리 표면을 걷어내자 가운데에 있는 신경이 보인다(화살표).

이런 궁금증은 해 보지 않으면 풀리지 않는다. 일단 감각기 여부를 확인하기 위해 해부를 했다.

감각기는 몸 구석구석 말단에서 촉감, 통감, 열감 등을 느끼는 구조를 가진 조직이다. 통증 등의 감각을 느끼는 것은 신경의 끝이 나뭇가지처럼 갈려져 넓게 펼쳐져 있는 자유신경말단이다. 한편 만지기, 닿기 등의 감각은 파터-파치니 소체Vater-Pacini corpuscle 혹은 루피니 소체Ruffini's corpuscle라는 감각기가 관여한다. 이것들은 크기가 수십 마이크로미터로 육안으로는 볼 수 없기 때문에 딱딱한 부리의 감각기를 관찰하려면 부리를 수십 마이크로미터 두께로 잘라야 한다. 인간을 위한 건강 서적에는 식초가 뼈를 부드럽게 하니 유연성을 위해 식초를 마시라고 쓰여 있다. 그 효과와 진의는 알 수 없지만 동물 표본을 뼈째 잘라야 하는 경우에는 뼈를 포름산이나 아세트산 등의 초에 담가 칼슘을 빼서 부드럽게 하는 방법을 쓴다. 이를 탈회脫灰, decalcification라고 한다. 죽은 동물의 뼈에서 칼슘을 빼는 작업이다.

탈회 처리를 한 다음에 부리 끝에서 끝까지 조사했다. 그러자 부리 진피 부분에 몇 개의 조직이 보였다. 특히 부리 끝부분에 그 수가 많았고 중앙 부근에는 적었다. 얼굴과 부리 경계 부분에서 다시 많아졌다. 해부학적으로 보아도 까마귀 부리는 민감한 감각이 있을 가능성이 컸다. 하야시는 이 발견을 통해 다른 수용기로 생각되는 조직을 발견하는 등 까마귀 부리 연구 결과를 학계에 알리기 위해 노력했다.

까마귀 부리는 겉에서 보면 단순하지만 맥가이버 칼처럼 여러 가지 기능을 하는 섬세한 기관이다. 스스로 도구를 만들어 사용하는 등 까마귀는 지능이 높아 주목받고 있지만 머리로 생각한 것을 실행하려면 지능뿐만이 아니라 훌륭한 도구와 그것을 제어하는 감각이 필요하다. 까마귀 지능의 발현에 부리야말로 큰 역할을 하는 것이다.

까마귀 '오烏'는 왜 새 '조鳥'에서 한 획이 빠졌을까?

까마귀 '오烏'는 새 '조鳥'에서 한 획이 빠져 있다. 빠진 한 획은 상형문자에서 새 눈을 의미하는 것이다. 까마귀는 눈이 매우 좋은 새인데 '눈 목目'이 빠진 것이 납득이 안 가지만 먼 옛날에 정해진 것이니 어쩔 것인가. 까마귀의 눈이 빠진 의미를 고민해 보았다.

닭과 부엉이의 눈을 보면 사람과 똑같이 검은 눈동자와 흰자위(노란색이 섞인 주황색이기도 하다)가 있다. 이처럼 많은 새는 동공과 홍채의 색이 다르기에 검은 눈동자와 흰자위가 확실히

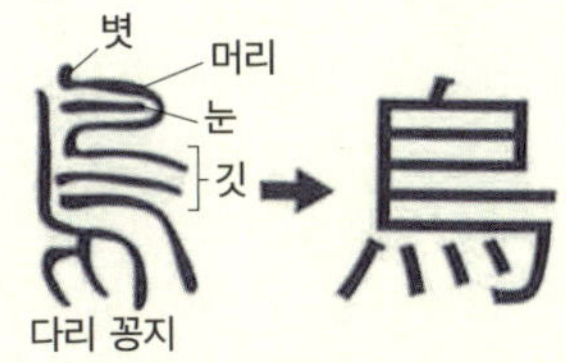

나누어져 있다. 그런데 까마귀는 동공도 홍채도 검은색이다. 게다가 몸도 검은색이어서 멀리서 보면 눈이 어디에 있는지 알 수 없다. 아마도 상형문자 조鳥에서 눈을 하나 빼서 오烏가 된 것은 이런 이유가 아닐까 싶다.

도구로 적합한 부리

게이오 대학교를 중심으로 한 연구팀이 뉴칼레도니아까마귀 부리가 일반 까마귀에서는 볼 수 없는 특수한 형태로 진화했다고 밝혔다. 연구에 따르면 뉴칼레도니아까마귀 부리는 위아래 부리가 모두 일직선으로 똑바로 나 있어 평면으로 상하 맞물림이 가능하다고 했다. 따라서 이 부리 덕분에 도구를 강하고 안정되게 집을 수 있어 도구 사용과 조작을 할 수 있다는 것이다.

참고로 큰부리까마귀와 까마귀Corvus corone는 위쪽 부리가 아래쪽 부리보다 조금 길지만 아래쪽으로 향해 커브 형태로 되어 있어서 맞물림이 그다지 좋지 않다. 도구를 사용하는 까마귀를 말할 때 보통 뉴칼레도니아까마귀를 떠올리지만 최근 하와이까마귀Corvus hawaiiensis도 도구를 사용하는 것으로 발견되었다. 하와이까마귀의 부리 형태도 뉴칼레도니아까마귀와 닮았다.

6장
까마귀의 울음소리

1 까마귀는 왜 울까?

"까마귀는 왜 울까? 산에 까마귀의 귀여운 일곱 아이가 있기 때문이야."

노구치 우조 작사의 유명한 동요다. 까마귀는 봄에 새끼를 낳고 가을에 독립을 시키는데 새끼가 없는 가을이나 겨울에도 우는 걸 보면 이 노래처럼 반드시 새끼들을 위해서만 우는 것은 아닐 것이다. 에도 시대에는 까마귀가 워낙 많아서 다카스기 신사쿠가 쓴 시를 보면 "삼천세계의 까마귀를 죽이고 당신과 함께 늦게까지 잠을 자고 싶구나."라는 문장이 나온다. 까마귀가 아침부터 시끄럽게 운다는 의미다.

까마귀는 날아다닐 때도 울고 잠자기 직전까지 까악~까악~ 운다. 그런데 때때로 소음 같은 레벨로 사람들의 일상에 깊이 파고들 때가 있다. 까마귀가 사람들에게 민폐를 끼치는 사례는 주로 소음과 똥이다. 특히 도시에서는 큰 부리까마귀 울음소리가 자주 들린다.

큰부리까마귀 울음소리는 종류가 풍부해서 75종류 이상이라는 연구도 있다. 까마귀가 몸짓과 소리를 함께해서 울 때면 각각의 울음소리에는 의미가 있는 것처럼 생각되기도 한다. "귀엽다고 지저귀고 있는 거야."라는 노랫말처럼 노구치 우조 작가도 까마귀 울음소리에는 무언가 의미가 있다고 여긴 것 같다.

까마귀는 울음소리로 대화를 나누는 것 같기도 하다. 까마귀들이 대화를 하는 것 같아서 나도 모르게 까마귀에게 말을 걸게 된다. 물론 까마귀가 우는 것은 목적이 있다. 사랑을 노래하는 구애의 소리, 먹이를 달라고 조르는 새끼들의 소리, 적을 쫓아내는 위협 소리 등 여러 가지다. 그러나 까마귀 울음소리의 구체적인 의미는 거의 알려져 있지 않다. 까마귀 언어를 알고 싶어서 울음소리 연구를 해 보기도 했다. 실제로 까마귀는 서로 대화를 할 수 있을까?

2 까마귀 언어 습득의 길

전 세계 까마귀 언어는 무한대로 다양하다

많은 사람이 사용하는 언어는 영어, 중국어, 힌디어, 스페인어, 아랍어다. 여기에 소수민족의 독자적인 언어를 추가하면 지구상에는 6,500종 정도의 언어가 있다. 전 세계 까마귀들에게도 모국어가 있을까? 까마귀속에 속하는 까마귀는 약 47종이다. 까마귀 울음소리는 종에 따라 다르다. 까마귀는 울음소리가 풍부해서 상황에 따라 울음소리의 의미가 다를 수도 있어서 까마귀의 언어가 있다고 생각되지만 연구하기는 매우 어렵다.

까마귀 울음소리는 세계적으로 각기 다르게 표현되고 있다. 한국과 일본의 까마귀 울음소리는 일반적으로 '까악~까악~'으로 표현된다. 영어로는 '코우caw', 연속으로 우는 것은 '코우코우코우'다. 러시아어로는 '카카кар-кар', 네덜란드어로는 '카아카아카카ka ka'다. 이 울음소리들은 큰부리까마귀의 울음소리와 같은 울림이지만 미국, 러시아, 네덜란드에는 큰부리까마귀가 살지 않으니 큰까마귀 울음소리의 일부를 표현한 것일 수 있다. 태국은 '가아가아gaa gaa', 튀르키예는 '가아크가아크gaaak gaak'로 까마귀 울음소리와 비슷한 탁한 음으로 표현된다. 울음소리는 분노, 기쁨, 구애 등 여러 가지 의미를 지니기 때문에 모두 문자로 표현한다면 무한대가 될 것이다.

큰까마귀를 이용하여 연구한 미국 와이오밍주 연구팀은 소리의 카테고리를 13종 이상으로 분류했다. 그중에는 '새끼의 까~', '어린 새의 까~', '적대적인 까~' 등으로 같은 '까~'여도 성장과 환경에 따라 의미가 다르다고 보고했다. 이렇게 모두 다 다르니 각국의 까마귀 연구자들이 모여 자국의 까마귀 울음소리에 대하여 논의하지 않는 이상 각국의 언어로 표현된 까마귀어를 수집하는 것은 불가능에 가깝다.

게다가 울음소리를 흉내 내는 까마귀가 있어서 까마귀어 연구는 한층 더 어렵다. '오하요 가라즈(안녕하세요, 까마귀)'라고 사람의 언어를 흉내 내어 우는 까마귀가 있다고 보고되기도 했다. 나도 개 짖는 소리를 그대로 따라 우는 까마귀를 본 적이 있다. 이런 상황이니 까마귀 본래의 언어가 무언인지도 의문이 든다. 연구를 계속해야 하는 이유다.

빌딩 숲에서 울음소리를 내며 나는 새

새 울음소리는 '지저귐'과 '지저귐 외의 소리' 2종류로 나뉜다. '지저귐'은 주로 번식기 수컷의 울음소리다. 선율이 길고 복잡하다. 봄을 알리는 기분 좋은 꾀꼬리 울음소리와 하늘에서 바쁘게 울며 다니는 종달새 소리가 '지저귐'의 전형적인 예다. 한편, 지저귐 외의 소리는 계절과 관계없이 암컷과 수컷 모두가 내는 울음소리로 평소에 소통을 할 때 사용한다. 이처럼 울음소리의 차이로 새들은 지저귀는 명금류songbird(노래하는 조류의 총칭)와 지저귀지 않는 비명금류로 나뉜다.

울음소리가 시끄러운 까마귀는 명금류일까? 아니면 비명금류일까? 이미지로는 후자일 것 같지만 의외로 명금류에 속한다. 까마귀의 울음소리 자체가 특정되지 않았는데 명금류일 수 있을까? 아마도 까마귀 울음소리가 워낙 풍부해서 어느 울음소리가 '지저귐'인지 우리가 모르기 때문일 것이다.

까마귀 울음소리는 해외에서도 많은 연구가 진행될 정도로 주목받고 있다. 특히 큰까마귀는 울음소리가 풍부해 각각에 의미가 있다고 알려져 있다. 큰부리까마귀는 영어로 정글 크로라고 불리며 숲의 새다. 숲의 새가 도시에 많이 있는 것이 신기한데 도시의 고층 빌딩 숲이 까마귀에게는 커다란 숲처럼 보이기 때문이다. 까마귀가 도시를 좋아하는 이유를 알 수 있다. 빌딩 사이를 날아다니는 까마귀와 나무 사이사이를 통과해 빠져나가는 까마귀를 보면 이해가 된다. 도심의 빌딩 숲과 깊은 숲 속에서는 멀리 있는 까마귀를 찾기 어렵기 때문에 울음소리로 자신이 있는 장소를 알리거나 상대의 위치를 파악하기 위한 소통 도구로 사용한다.

죽음 앞에서는 서글픈 울음소리

큰부리까마귀 울음소리는 대부분 '까악~까악~'으로 표현된다. 그래서 사람들은 큰부리까마귀가 까악~ 밖에 하지 못한다고 생각한다. 확실히 나무에 머물면서 평화롭게 울 때는 '까악~'이라고 울긴 한다(내 귀에는 '아와와아~아와와아~'나 '아~아~'로도 들린다). 여러 가지 울음소리를 예를 들면 기분 좋게 울 때는 맑은소리로 '까악~까악~'을 반복하고, 화날 때는 '갸~갸~' 혹은 '구왁구왁' 하며 시끄럽게 운다. 화가 난 정도에 따라 울음소리의 강도가 달라지기도 한다. 번식기에 새끼를 위험으로부터 지킬 때 내는 울음소리는 화가 나서 상대를 위협하는 행동의 최상이다. 한편 구애할 때는 '구완구완' 하고 소리 끝을 약간 낮추어 애교를 떠는 듯한 울음소리를 낸다.

이런 일도 있었다. 사육하고 있던 까마귀가 죽어서 우리 밖으로 옮기는데 '그루루…' 하며 속으로 누르는 듯한 까마귀들의 울음소리를 들었다. 나무 꼭대기에 머물려고 꼭대기를 향해 날면서 속도를 확 낮출 때에는 '구와와아' 하고 울기도 한다. 이런 소리는 속도를 줄일 때 내는 소리일까? 큰부리까마귀는 행동의 종류만큼 울음소리가 있다고 말할 정도로 울음소리가 풍부하다.

울음소리의 차이는 반복하는 간격과 소리를 내는 강도로 조절할 수 있다. 한가롭게 친구들과 날아다닐 때는 1회 우는 시간이 0.8초이고, 다음 울 때까지의 간격은 0.2초다. 이를 3~7회 반복한다. 새끼가 먹이를 조를 때는 '과아아' 같은 울음소리로 1회 우는 시간이 0.2초로 짧다. 우리 연구실에만 큰부리까마귀의 서로 다른 울음소리를 약 41종류 기록해 두었으니 큰부리까마귀의 울음소리는 더 많을 것이다.

큰부리까마귀와 까마귀*Corvus corone*의 울음소리

까마귀는 종에 따라 울음소리가 다르다. 지금까지 큰부리까마귀의 울음소리를 중심으로 다루었다면 지금부터는 까마귀*Corvus corone*다. 까마귀*Corvus corone* 울음소리는 '가악~가악~' 혹은 '과~과~'다. 전선에 머물면서 울 때는 '가악~'이라고 울면서 목을 아래로 내린다. '가악~가악~' 하고 2회 운다면 목을 2번 내리고, '가악~가악~가악~' 하고 3번 울 때는 목을 3번 아래로 내린다. 이런 독특한 자세 때문에 까마귀*Corvus corone*는 무리하게 울음소리를 짜내는 듯해 보인다. 사실은 무리한 행동이 아니다. 까마귀*Corvus corone* 울음소리가 탁한 것은 명관(조류의 발성 기관)을 조정하는 근육이 큰부리까마귀와 달라서다. 이 독특한 자세는 공기 흐름을 조절하는 데 필요한 동작이다.

까마귀*Corvus corone* 울음소리의 종류는 이외에도 많다. 까마귀*Corvus corone* 둥지 상공의 일정 범위에 솔개와 다른 무리의 까마귀가 들어오자 '가랏가랏갓' 하고 짧게 목을 울리는 듯한 느낌의 탁한 소리를 내면서 영역 침범자를 향해 우는 것을 봤다. 둥지에 있는 새끼와 암컷도 그 소리에 반응하는 것을 보면 경계 의미의 울음소리로 여겨진다. 이처럼 까마귀*Corvus corone*도 상황에 대응하여 울음소리가 달라진다. 다만 큰부리까마귀보다는 종류가 적은 것 같다.

울음소리로 소통하기

"까마귀는 서로 울음소리로 대화를 하나요?"

이런 질문을 자주 받는다. 까마귀는 사람처럼 언어를 가지고 있진 않지만 우는 횟수와 그 사이의 간격 등 각각의 울음소리의 의미가 다르다. 울음소리로 먹이가 있는 곳을 전달하는 것이 과학적으로도 증명되었다. 이러니 울음소리를 사용한 울음소리 소통을 동료들과 하고 있을 가능성이 매우 높다. 단, 사람처럼 새로운 말을 차례차례 내면서 대화하는 것이 아니라 자연에서 살아가는 데 필요한 경계, 영역, 구애, 먹이 조르기, 안심 등을 표시하는 단순한 말일 것이다.

미국까마귀는 20여 종류 이상의 독립된 발음법을 가지고 있어서 모이기, 혼내기, 흩어지기, 위협 알리기, 경계 등의 의미가 있다는 연구가 보고되고 있다. 울음소리에 의미를 붙이는 것은 매우 어려운 일이지만 논문을 살펴보면 자세히 관찰한 뒤에 나온 결과임을 알 수 있다. 예를 들어 한 까마귀가 경계의 울음소리를 내면 다른 까마귀들도 날개를 퍼덕이면서 하늘을 날며 경계 대상을 확인하는 행동에 들어간다. 이런 연쇄적인 행동을 경계라고 보는 것이다. 이렇듯 까마귀의 높은 정보 전달 능력은 울음소리를 가지고 있어서 가능하다.

단, 까마귀 울음소리의 의미를 이해하고 까마귀어를 이해하려면 까마귀 소리와 모습을 관찰하는 생활을 계속해야 한다. 그 길은 길고 험하겠지만 까마귀 울음소리를 들으면 그들의 생활 상태를 상상하여 추측할 수 있기 때문에 흥미도 생기고 재미도 있다. 다만 울음소리가 들려도 모습을 확인할 수 없으면 무엇을 하는지 알 수 없기 때문에 까마귀 울음소리 연구가 어렵다.

눈으로 보는 까마귀 울음소리

까마귀 울음소리를 연구하면서 '까악~'이 몇 번 반복되고, 이 '까악~'이 발음보다 강한 상태라는 등 사람에 따라 느끼는 정도가 달라 공통의 정보를 전달하기 어렵다. 특히 큰부리까마귀는 매우 다채로운 울음소리를 내기 때문에 사람의 귀로는 식별하는 데 한계가 있어서 까마귀 성문(목소리 무늬) 분석을 시작했다.

성문 분석은 소리가 만드는 공기 진동의 주파수 성분을 분석하여 시각화한 것으로 범죄 수사 등에도 사용된다. 성문 분석은 소리 안의 주파수 음이 어느 정도 들어 있는지 시간을 가로축, 주파수를 세로축으로 하여 기록한다. 기록된 줄무늬 모양이 짙고 옅은 정도로 나타나는데 이것이 주파수 성분의 강도를 의미한다. 즉 까마귀의 '까악~' 울음소리를 공기 진동의 강약을 재어서 줄무늬의 농도로 표시하는 것이다. 울음소리는 우는 방법에 따라 여러 가지 얼룩무늬를 만든다. 지금까지 해석으로 보면 큰부리까마귀 울음소리는 100~10,000헤르츠 범위로, 특히 1,000~2,000헤르츠에서 음압音壓이 높은 것으로 나타났다. 까마귀 울음소리의 성문을 분석하면 언젠가는 까마귀어를 알 수 있지 않을까 하고 열심히 연구한다. 현재 우츠노미야 대학교의 쓰카하라 나오키 조교수는 이 연구의 중심 인물로 학부생일 때 집음기(소리를 모아 크게 하는 장치)를 어깨에 들쳐 메고 현장에 나가 큰부리까마귀 울음소리를 수록했다. 까마귀의 비밀 이야기 등을 모은다고 해서 기대했는데 연구 도중에 벽에 부딪혔다. 비밀 이야기는 역시 밖으로 당당하게 나오는 게 아니었다. 목소리는커녕 모습도 보이지 않으니 울음소리에 의미를 붙이는 것이 어려웠다. 어렵게 수록한 성문 41종류 중 의미를 둘 수 있었던 것은 '구애', '먹이 조르기', '잠자리 들어가기', '잠자리에서 출발하기', '위협' 등 12종류뿐이었다. 역시 엄청난 노력과 수고를 들이지 않으면 까마귀어를 이해할 수 없다.

그가 얻은 구애 소리는 2가지 패턴이었다. 하나는 까마귀 한 마리의 '콰~앙'으로, 패턴의 줄무늬가 조금씩 오른쪽으로 내려갔다. 여기에 상대 까마귀는 '콰아~앙' 하고 반응했다. 다른 하나는 한 마리가 '콰아~앙' 하고 울면 까마귀 여러 마리가 함께 반응하는 것이다(한 마리를 둘러싸고 싸우지 않으면 좋겠지만). 성문에 있는 패턴의 줄무늬는 선이 촘촘하고 부드러워 보이는 무늬

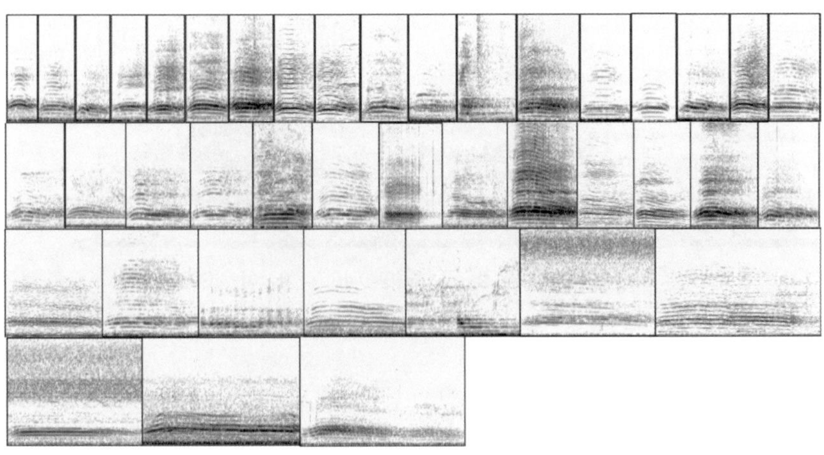

쓰카하라가 모은 큰부리까마귀의 성문 분석 줄무늬. 41종의 음성 신호를 확인했다.

구애 소리

패턴 1

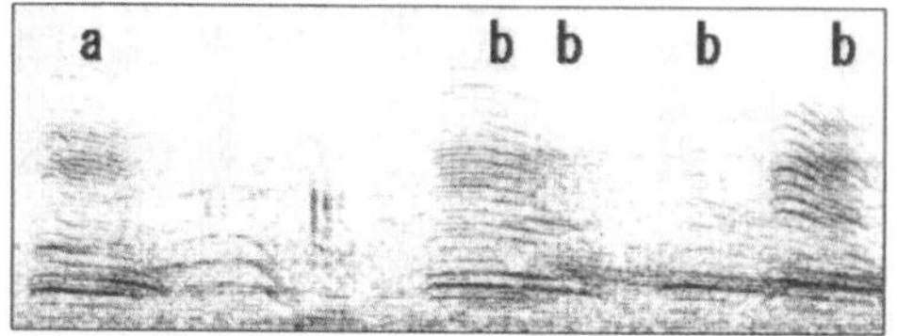

어느 개체가 소리 a를 내면 몇 마리의 개체가 똑같은 음질로 울음소리 b로 회답

패턴 2

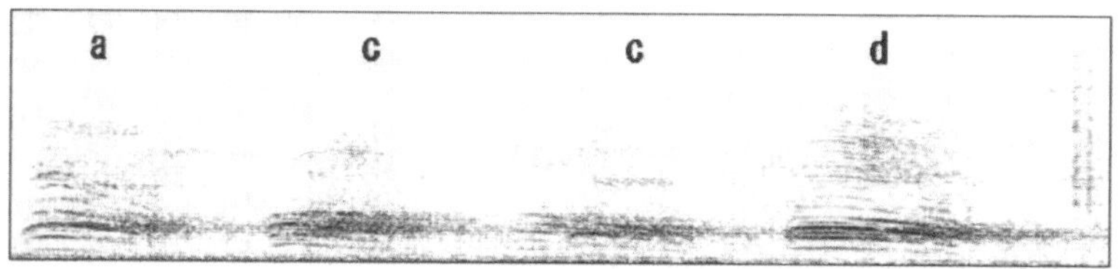

어느 개체가 소리 a를 내면 몇 마리의 개체가 다른 음질의 울음소리 c, d로 제각각 회답

먹이 조르기 소리

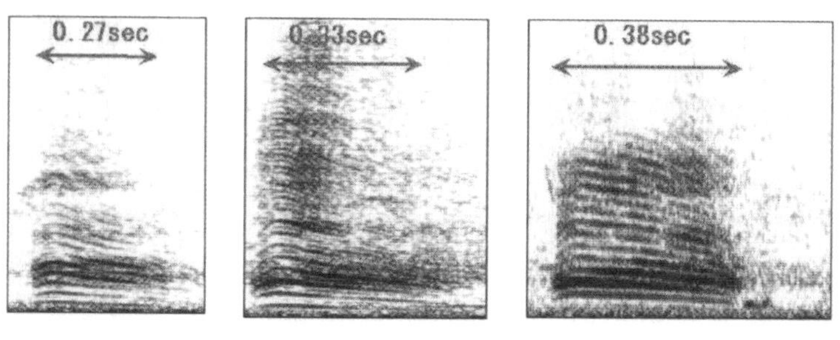

화살표는 경계심이 옅어짐을 표시한 것으로, 사람에 대한 경계심이 옅어짐과 동시
에 하나의 울음소리 시간이 길어진다.

가 몇 개 보였다. 한 번 울 때 필요한 시간은 0.38초였다. 수컷과 암컷 중 어느 쪽이 먼저 구애 소리를 내는가에 대해서는 처음에 울음소리를 낸 쪽의 패턴의 줄무늬가 저음역에 있고, 나중에 운 쪽의 줄무늬가 고음역에 있는 것으로 보아 수컷이 먼저 사랑을 지저귄 것으로 예상했다.

그가 얻은 데이터에서 경계의 울음소리는 줄무늬가 불명확함을 알 수 있었다. 구애 소리처럼 여유가 있는 느낌이 아니라 1회 우는 시간이 0.21초로 짧고 반복이 많아 긴박한 분위기를 엿볼 수 있었다.

울음소리에 따른 까마귀 대책

어떻게든 힘들게 음성 수록을 해도 성문 분석만으로는 까마귀어 습득이 어려운 것이 현실이다. 울음소리뿐만 아니라 거기에 수반되는 행동 등 무언가 의미를 붙일 수 있는 증거가 있어야 한다. 그런데 쓰카하라가 모은 음성 중에는 적지만 의미를 붙일 수 있는 소리가 있었다. 드디어 까마귀에게 말을 걸어볼 수 있겠구나 생각했다.

까마귀에게 무슨 이야기를 해 볼까? 흥미로웠다. 그런데 연구를 할 당시가 까마귀에게 피해를 본 사람들로부터 상담 요청이 많을 때였다. 그래서 사람들에게 연구가 도움이 되려면 까마귀에게 '여기에는 오지 마!'라는 말을 해야겠다고 생각했다. 까마귀가 좋아하지 않을 울음소리를 조합해서 들려주면 그 소리를 듣고 안 좋은 일을 연상해서 다시는 그 장소에 오지 않을 수도 있다고 예상하고 일에 착수했다.

사용한 울음소리는 사람에게 붙잡혀 체념한 소리, 천적에게 향하는 소리, 경계의 소리, 날아올라갈 때 내는 소리다. 포획 당시의 소리와 천적을 향한 소리는 궁극의 공포와 각오의 의미이고, 경계는 주의 환기, 긴급함은 도망 등의 의미가 있다. 이것을 잘 조합하면 머리 좋은 까마귀는 '천적을 만났다. 붙잡힌다.'라고 생각해서 경계하고 그 장소에서 떠날 것이다. 성문 분석으로 얻은 포획 당시의 주파수로부터 울음소리를 인공적으로 만들어 까마귀 울음소리에 섞어 넣어 '여기에는 오지 마.'라는 메시지 음을 만들었다.

이 기술은 특허를 취득하여 실용화 단계에 있다. 다만 가격이 높아 일반 쓰레기장 옆에 가볍게 두기에는 알맞지 않다. 쓰카하라가 계속 연구를 거듭하여 크로 컨트롤러Crow Controller라는 제품을 판매해서 인기가 폭발했지만 부품 등 재료비 급등으로 판매 중지 상태다. 기계 대여 서비스는 하고 있다 (http://crowlab.co.jp).

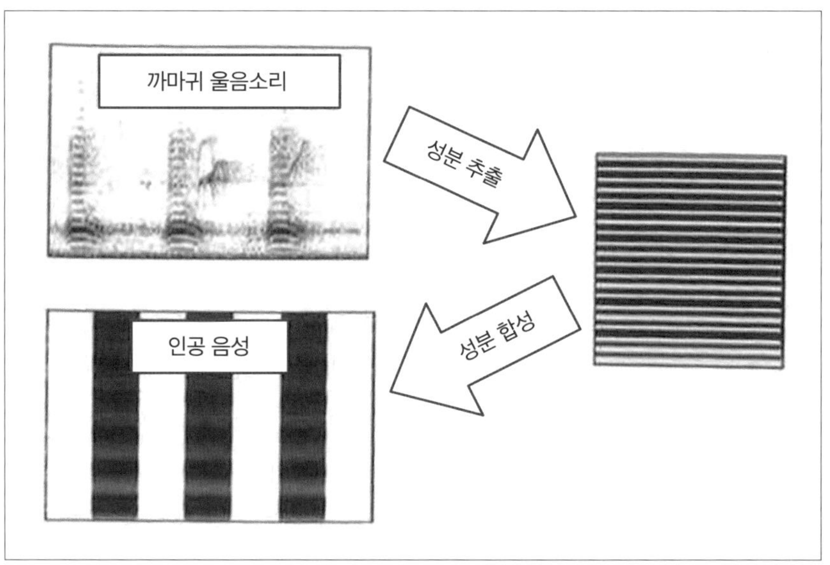

포획 시의 주파수로부터 성분을 추출하여 인공적인 울음소리를 만들었다.

3 다채로운 울음소리를 내는 구조가 있다

울음소리를 만드는 부위 명관

큰부리까마귀는 어떻게 풍부한 울음소리를 내는 것일까? 먼저 소리를 내는 구조를 살펴보자. 사람이 소리를 내는 부위는 성대다. 사람은 이 성대를 음원으로 하여 인두, 구강, 비강으로 공기를 진동시켜 소리를 낸다. 성대는 인두의 상단부로 8종류의 근육으로 긴장과 완화를 조절하고 소리의 고저와 강약 등을 조절한다.

한편 새 울음소리를 만드는 부위는 명관이다. 조류에서 부르는 일반적인 명칭이지만 명관은 포유류의 기관 상부에 있는 성대와는 위치가 다르다. 기관(숨쉴 때 공기가 흐르는 관)과 기관지 사이에 있으며 피리같이 공기의 흐름을 조절하여 소리(울음소리)를 만든다. 잘 알려져 있지는 않지만 조류는 부리 구조상 입과 코에서의 공기 진동성이 낮아서 기관을 진동기로 사용하기 위해 하부에 명관이 형성된 것 같다. 명관 안에는 라비아labia라는 내부를 닫고 여는 젤리 형태의 마개가 있어서 근육에 의한 명관의 굵기 조절과 더불어 소리를 조절하고 있다.

큰부리까마귀는 명관이 매우 발달했다. 예를 들어 닭은 명관의 굵기 조절만으로도 울음소리가 거의 만들어진다. 단순한 호루라기와 같은 느낌으로 명관을 조절하는 근육이 기관 근육 1종류밖에 없어서 '꼬끼오', '꼬꼬'로 울음소리에 패턴이 있지만, 기본적으로 반복과 강약을 바꾸는 것만으로는 변하지 않는다. 반면 큰부리까마귀의 명관은 7종류의 근육이 복잡한 아코디언 구조로 되어 있다. 큰부리까마귀의 명관 근육은 배쪽 기관기관지근, 배쪽 명관근, 가슴뼈(흉골)기관근, 배바깥쪽 명관근, 등쪽 명관근, 등쪽 기관기관지장근, 등쪽 기관기관지단근 7종류이며, 근육으로 조절한다. 사람의 8종류보다는 적지만 조류로서는 단연 가장 많다. 큰부리까마귀는 7종류의 근육으로 명관의 굵기와 형태를 변화시켜 다채로운 울음소리를 만들어 낸다. 근육이 많으면 그 근육이 부착된 명관 부위의 움직임을 만들기 때문에 명관의 움직임도 복잡해지고, 여러 종류의 울음소리를 만들어 낸다. 덧붙이면, 울음소리가 아름다운 것으로 유명한 꾀꼬리나 울음소리 흉내를 잘 내는 잉꼬조차 명

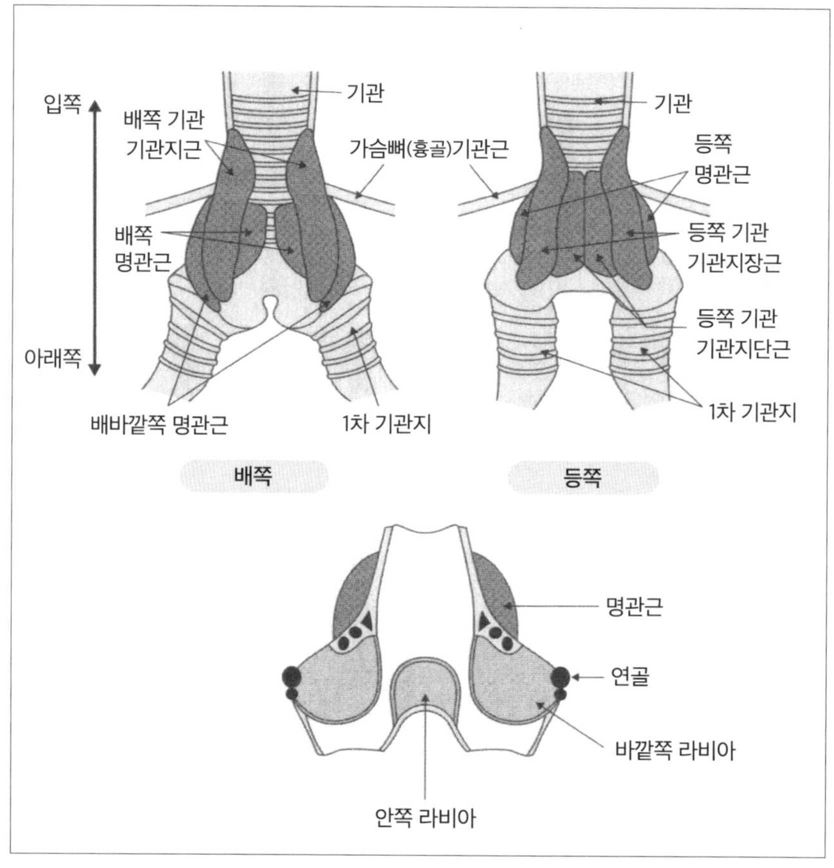

큰부리까마귀의 명관 모식도. 명관은 기관과 기관지 사이에 있으며, 바깥쪽에 있는 명관근에 의해 조절된다. 그리고 안쪽에는 라비아가 있다. 라비아와 명관근에 의해 공기가 지나가는 통로의 폭을 조절하여 울음소리를 조절한다(츠카하라, 2007).

관근은 5종류밖에 없다.

연주자가 부족한 까마귀*Corvus corone*의 명관

같은 까마귀라도 큰부리까마귀와 달리 까마귀*Corvus corone*는 '가아가아' 한 소리밖에 못 낸다. 그 이유도 명관근의 차이에서 온다. 까마귀*Corvus corone* 명관근은 큰부리까마귀와 달리 배쪽 기관기관지근, 배쪽 명관근, 가슴뼈(흉골) 기관근이 하나로 되어 있어 커다란 근육이 부풀어 있는 모양이다. 즉 큰부리까마귀는 연주자가 7명 있다면 까마귀*Corvus corone*는 5명인 것이다. 이런 상황에서는 어떻게 해도 음의 폭에 한계가 있어 성문 분석에 소리의 주파수 성분인 배음(원래 소리보다 큰 진동수를 가진 소리)이 불명확하고 특정 주파수에 동조(공진)하지 않아 잡음과 같은 노이즈가 줄무늬로 나타난다. 또한 까마귀*Corvus corone*의 라비아는 큰부리까마귀와 비교해서 작다. 라비아는 사람의 성대에 해당하는데 사람에게도 나이 등의 이유로 성대 근육이 줄어들면 성대가 충분하게 맞물리지 않아 소리가 갈라진다. 이처럼 까마귀*Corvus corone*의 라비아는 기도를 막는 마개로 충분하지 않아 그 사이에서 새어 나오는 기류와 잡음 성분이 성대 진동으로 발생하여 울음소리가 되고 음성 성분과 겹쳐져 소리가 탁해지는 것 같다.

암컷과 수컷의 울음소리 차이

까마귀 울음소리는 암컷과 수컷이 다를까? 사람은 일반적으로 여성이 고음을 낸다. 까마귀는 어떨까? 수컷과 암컷의 울음소리에 차이가 있다면 겉모습만으로는 구별하기 어려운 까마귀의 암수를 쉽게 구별할 수 있다. 암컷과 수컷의 울음소리를 녹음하고 주파수 분석을 했더니 수컷의 울음소리는 암컷에 비해 같은 울음소리를 낼 때도 조금 저음이었다. 특히 성문에서 제2포르

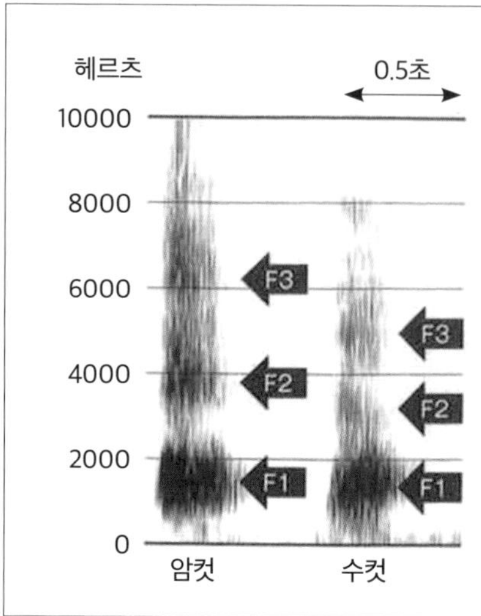

	암컷(n=4)	수컷(n=4)
F1	1418±63	1373±61
F2	4277±690	3292±225
F3	6767±606	4881±572

각 값은 평균 포르만트 주파수 ±
편차를 나타낸다.

암컷과 수컷의 성문 차이. 암컷이 수컷보다 주파수가 높다(고음을 낸다).
성대의 울림을 주파수로 표현할 때 피크(봉우리, peak)로 나타난다. 낮은 주파수부터 제1포르만트, 제2포르만트라고 부른다. 현재 표의 포르만트도 낮은 주파수(아래)에서 높은 주파수(위) 제1, 제2, 제3으로 나타나며 피크 대신 짙은 농도로 표시된다._옮긴이

만트formant*와 제3포르만트가 암컷에서는 고주파수 영역이지만, 수컷은 그보다 조금 낮았다.

성문의 차이는 부리에서 기관을 포함한 기도의 길이에 따른 것이다. 연구실에서 혀, 후두, 기관, 폐를 잇는 기도를 꺼내 길이를 재어 보니 수컷의 기관 길이는 약 145센티미터(7마리 평균), 암컷은 약 122센티미터(7마리 평균)로 수컷이 길었다. 후두의 길이와 폭도 수컷이 길어 수컷의 울음소리가 저음인 이유가 기도에 있음을 알 수 있었다. 첼로처럼 굵은 현으로 낮은 음을 연주하

---

* 포르만트는 소리가 공명할 때 에너지가 집중되어 나타나는 특정 주파수 대역을 의미한다. 음형대音形帶라고도 한다. 주파수와 소리 크기를 표로 그려 파악한다. 소리를 주파수 스펙트럼으로 그리면 주변 주파수에 비해 높게 올라간 주파수가 포르만트이며, 소리를 스펙트로그램으로 그리면 주변 주파수에 비해 크기가 진하게 칠해진 곳의 주파수가 포르만트다._옮긴이

는 것도 있고, 바이올린처럼 가느다란 현으로 높은 음을 연주하는 것이 있는 것과 같다. 음원인 명관의 크기에는 암수 차이가 없어서 기도에 울음소리의 암수 구분을 만드는 요소가 있다고 생각된다.

풍부한 울음소리를 만드는 뇌

명관은 소리를 내는 기관이지만 그 기관을 움직이게 하는 것은 뇌다. 사람도 소리를 내려면 의도를 가지고 그것을 전달해야 한다. 사람의 경우 '기쁨을 나누고 싶어', '더 센 분노를 전달하고 싶어.' 등의 생각이 목소리에 강하게 표현된다. 까마귀에게도 뇌의 움직임이 명관근의 움직임에 큰 영향을 미친다. 즉 풍부한 울음소리를 형성하려면 '먹이가 여기에 있어', '위험이 다가온다.' 등 상황에 대응하여 다른 까마귀가 낸 울음소리를 기억하고 그 울음소리를 내기 위하여 반복 기억하는 '학습'과 운다는 '운동'이 필요하다.

새가 우는 경로는 처음에는 호흡 패턴과 음향적 효과를 담당하는 대뇌의 노래핵*에서 발성중추를 거쳐 연수延髓의 혀밑(설하)신경핵과 호흡중추로 신호를 보낸다. 혀밑신경핵은 명관을 조정하는 명관근의 강약과 좌우 협조 분배를 조절하는 뇌로부터 명령을 전달받는다. 그리고 호흡중추로부터의 명령으로 명관의 움직임과 호흡 리듬을 복잡하게 조절하여 우는 것이 가능하다.

큰부리까마귀가 울음소리를 풍부하게 만들 수 있는 것은 발달한 대뇌 앞부분에 울기 위한 정보를 기억하고 그것을 운동으로 전환하기 때문이다. 혀밑신경핵이 조정하는 명관근의 수축이 최종적으로 악기를 연주하는 손가락 역할을 한다. 명금류는 대부분 대뇌의 노래핵과 발성중추 및 혀밑신경핵으로

---

* 조류 대뇌에 있는 노래 제어 중추신경핵HVC, High Vocal center이다. 뇌 속에 상호 연결된 신경세포를 통해 소리를 학습하고 흉내낸다._옮긴이

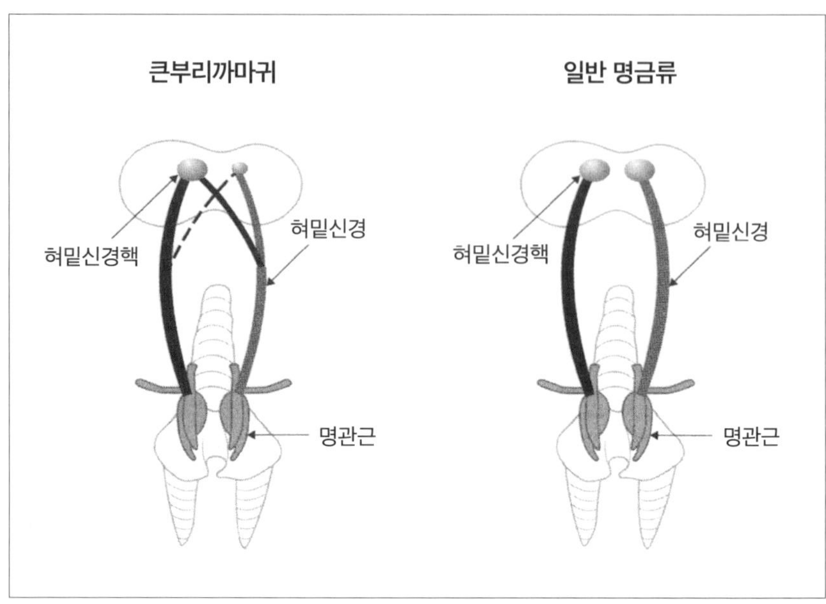

일반 명금류를 보면 좌뇌의 혀밑신경핵에서 왼쪽의 명관근으로 혀밑신경이 이어져 있다(우뇌는 오른쪽 명관근으로 이어져 있다). 그러나 큰부리까마귀는 좌뇌와 우뇌의 혀밑신경핵으로부터 좌우 각각의 명관근에 혀밑신경이 이어져 있다(츠카하라 박사학위논문).

연결되는 경로는 같은 쪽의 뇌다. 즉 오른쪽 뇌의 신경 연결 경로는 오른쪽 명관으로, 왼쪽 뇌의 신경 연결 경로는 왼쪽 명관으로 연결된다.

그러나 우리 조사로는 까마귀 울음소리를 만드는 신경회로가 다른 명금류와는 조금 달랐다. 앞에서 말한 대로 다른 명금류들은 연수에 있는 좌우 한 쌍의 혀밑신경핵에서 신경이 분기하지 않고 좌우 각각의 명관근과 이어져 있다. 큰부리까마귀의 경우 이 신경이 또 나누어져 좌우 각각의 명관근으로 이어져 있어 양쪽의 명관근은 좌우 각각의 혀밑신경핵으로부터 지시를 받게 된다. 즉 큰부리까마귀는 왼쪽의 혀밑신경핵이 왼쪽 명관으로 이어져 있지만 오른쪽 명관과도 연결되어 있고, 오른쪽 혀밑신경핵은 오른쪽 명관으로 이어져 있지만 왼쪽 명관과도 연결되어 있어서 좌우 양쪽의 혀밑신경핵이 각각

의 명관을 제어한다. 때문에 좌우 명관의 움직임은 다른 명금류 조류와 달리
더 복잡하다(그림 138쪽 참조).

큰부리까마귀처럼 다채로운 울음소리를 내려면 고도로 발달한 뇌가 필요
하다. '새대가리'는 멍청함을 뜻하지만 여러 소리를 내는 까마귀의 뇌를 생각
하면 멍청이라고만 생각할 수 없다. 앞에서도 자세히 설명했지만 까마귀의
뇌는 새 중에서도 매우 잘 발달되어 있다. 따라서 울음소리를 만드는 뇌 구조
도 발달되어 있다고 생각하는 것이 자연스럽다.

까마귀 울음소리는 불길할까?

까마귀가 밤에 울면 불행한 일이 생긴다는 말이 있다. 정말 그럴까? 운다는 것
은 동료에게 무언가를 전하기 위한 것이다. 밤의 보금자리에 천적이 접근하면
까마귀는 경계의 울음소리를 낸다. 까마귀에게 GPS를 부착해서 행동을 분석해
보니 밤에 이동하는 까마귀도 있었다. 날아오르면서 비상의 울음소리를 내는
까마귀도 있는 것으로 보아 단순히 밤에 울면서 하늘을 나는 것일 수도 있다. 그
러니 까마귀가 밤에 우는 것은 단순한 일상 행동이고 불행과의 인과관계는 없
다고 보면 된다.

그럼 왜 불행과 연결되었을까? 검은 동물의 숙명일 것이다. 그래서 불길하다든
가 무서운 이미지를 낼 때 까마귀 울음소리를 효과음으로 사용하는 경우가 많
다. 《오셀로》의 문장이다. "As doth the raven o'er the infected house, Boding
to all!" 마스다 다카히로는 눈문에서 다음과 같이 번역했다. "재앙을 가져오는
병에 사로잡히면 반드시 커다란 까마귀가 다가와서 그 집을 떠나지 않고 불길
함을 알리면서 계속 운다. 흡사 그 목소리처럼." 《맥베스》에도 까마귀는 불길한
예언자로 등장한다. 까마귀가 이렇게 이용되면서 까마귀는 불행의 상징으로 각
인된 것이다.

7장
까마귀의 비행 능력

1 행동 범위 파악하기

까마귀를 의심하다! 조류독감

익숙해지는 것은 두려운 일이다. 2003년 일본에 조류독감이 발생했을 때 나라 전체가 술렁였다. 오이타, 야마구치, 교토 등 서일본에서만 발생했고, 건수도 많지 않았지만 충격적이었다. 반면 2016~2017년에는 전국 12개 지역에서 발생했는데도 뉴스에서는 이 문제를 작게 취급했다. 양계업자들의 긴장은 여전했지만, 일반인들은 달걀과 닭고기 가격이 오르는 사태가 발생하지 않는 한 별 관심을 두지 않았다.

감염 문제에 까마귀가 엮이면 더 피곤해진다. 조류독감, 구제역과 같은 감염력이 강하고 축산업에 큰 피해를 주는 감염병이 발생하면 매개체로 가장 먼저 야생 조류와 야생 쥐가 의심을 받는데 그중 까마귀가 가장 큰 타격을 받는다. 도시에서는 쓰레기장에 모여서 음식물을 파헤치고, 지방에서는 농작물을 먹어 치우는 등 사람들에게 좋은 인상을 주지 못하는 검은 새이기 때문이다. 2003년에 조류독감이 발생했을 때도 까마귀가 매개체로 의심을 받아 하루에도 다섯 곳의 미디어로부터 취재 요청이 왔다. 불행하게도 2차 감염이 된 까마귀가 발견되었기 때문이다.

까마귀가 의심받아도 어쩔 수 없는 상황이었는데 미디어의 관심은 '까마귀가 어느 정도 거리까지 날아갈 수 있을까?'였다. 날아가는 거리에 따라 감염 확대 범위를 추정할 수 있다고 생각한 모양이다. 몇 년에 걸쳐서 홋카이도에서 이바라키까지 날아간 까마귀 데이터에서 중요한 내용은 쏙 빼고 〈까마귀 700킬로미터 이동!〉이라는 오해를 부를 만한 타이틀로 보도해서 일본 전체가 공황에 빠졌다. 가축을 사육하는 축사는 분뇨 처리를 해야 하니 하천의 오염과 냄새 등 축산 공해를 일으킬 수 있어서 사람이 사는 곳에서 멀리 떨어져 있다. 당시 까마귀의 비행 거리에 관한 조사는 국립과학박물관 부속 자연교육원이 추진한 도쿄 리쿠기엔 정원 까마귀를 대상으로 한 보고가 유일한 것이었다. 축사가 있는 시골에 서식하는 까마귀의 비행 거리에 대한 조사는 전혀 없던 때였다.

조류독감 상륙 전에 도쿄에서 도시새연구회가 중심이 되어 태그 표식과 발신기를 다는 등의 방법으로 까마귀의 이동 범위를 조사했다. 도시새연구회와 국립과학박물관 부속 자연교육원의 보고에 따르면 가끔 10킬로미터를 나는 새도 있었지만, 대부분은 4~5킬로미터 이내의 좁은 범위에서 활동했다.

조류독감이 발생한 시기에는 지방의 데이터가 아예 없어서 도쿄에서 조사한 보고로 미디어의 질문에 답할 수밖에 없었다. 이대로라면 지방에서 감염병이 생길 때마다 환경도 상황도 다른 도쿄 사례를 이야기해야 하나 싶었다. 도쿄 데이터는 지방 대책에 사용할 수 없다. 축산 현장이 있는 시골 까마귀의 비행 범위에 관한 연구가 필요한 이유였다.

광대한 자연에서 까마귀가 비행하는 거리를 어떻게 파악하면 좋을지 당시에는 방향조차 잡을 수 없었다. 도치기현에 까마귀가 몇 마리나 있는지 묻는 질문이 연구실로 자주 오는데 그것은 바다에 물고기가 몇 마리 있는지 묻는 것과 같은 질문이다. 까마귀의 비행 범위도 마찬가지다.

GPS로 날아간 까마귀 실시간 스토킹

까마귀의 행동 범위를 조사하는 방법으로 처음 주목한 것은 GPS로 실시간 추적을 하는 것이었다. 이미 곰이나 사슴 등 대형동물의 이동을 조사할 때 GPS를 사용하고 있었다. 조류 연구에서는 게이오 대학교의 히구치 히로마사 교수 팀이 꽤 오래전부터 말똥가리의 비행 조사에 GPS를 사용해 왔기 때문에 까마귀에도 사용할 수 있을 것 같았다.

방향이 정해지면 실행만 남는다. 조류학회 동료들에게 실험 구상을 이야기하자 조류 행동 연구에 응용할 수 있는 GPS를 개발하고 있는 사람들과 만날 기회를 만들어 주었다. 특히 수리설계연구소의 야자와 마사토 팀은 토사 재해를 방지할 목적으로 GPS를 사용하여 실시간으로 지반의 움직임과 지반의 어긋남을 관찰하는 시스템을 개발하고 있었다. 따라서 GPS 응용에 대해서는 오랜 시간 개발한 기술이 있었다. 야자와 팀은 야생 조류에도 관심이 많아 행동 관찰에서 응용이 가능한 장치를 개발 중이라고 했다.

다음은 자금이었다. 연구에는 자금이 필요하다. GPS를 사용하면 위성통신 이용 등 이전과는 다르게 돈이 들어가기 때문이다. 바로 시작하자는 듯이 이야기했지만 실험 구상과 자금 조달에 대하여 오래 생각해 오고 있었다. '까마귀가 보유한 병원체와 비행'이라는 주제로 문부과학성의 과학연구조성기금 기반 A에 신청서를 제출했는데 다행히 선정되었다. 까마귀 비행 연구에 약

4500만 엔(한화 약 4억 2천만 원)을 받을 수 있었다. 너무 기뻤다. 탄력을 받고 연구가 착착 진행되었다.

바로 대학교 부속 농장에 기지 안테나를 설치하고 시제품인 발신기를 까마귀에게 채웠다. 무게는 약 25그램. 가격이 정해지지 않은 시제품이었다. 성능에 따라 매우 비싸지기도 하지만 결과를 보고 나서 결정하기로 했다. 그러나 GPS를 등에 업은 까마귀가 돌아온다는 보장이 없었다. 오히려 돌아오지 않을 것이라고 생각하는 것이 맘이 편했다. 가격도 정해지지 않은 귀중한 발신기를 까마귀 등에 채우고 날려 보내는 꽤 도전적인 실험이었다.

여러 변수가 있었지만 실시간으로 까마귀 비행 궤도를 쫓는 조사가 시작되었다. 등에 발신기를 채운 까마귀에게 마음껏 날아다니고 와달라는 기대를 품고 날려 보냈다. 얼마 되지 않아 가까운 곳에 있는 나무에 머물면서 발신기가 신경 쓰이는 듯한 몸짓을 보였지만 무사히 여행을 떠났다. 그 뒤로는 맨눈이나 쌍안경으로 보는 것을 그만두고 모니터를 손에 들고 "날아간다! 날고 있어!", "어디 있어? 저기 있다! 저긴 어디야?"라고 중얼거리며 까마귀 궤도를 관찰했다.

서쪽에서 북쪽으로 방향을 바꾸고, 강 상류를 통과하는 등 계속 이동하고 있음을 모니터로 관찰할 수 있었다. 마치 까마귀를 스토킹 하는 느낌이었다. 어느 정도는 순조로웠지만 역시나 까마귀는 쉽게 보여 주지 않았다. 건물 안에서는 위성과의 교신이 끊어져서 추적할 수 없었다. 나무 사이 혹은 건물 사이에서도 교신이 자주 끊어졌다. 여기까지는 예측 가능했지만 예상치 못한 일도 발생했다. 까마귀가 발신기 안테나를 물어뜯은 것이다. 상당히 딱딱한 금속 재질인데도 물어뜯어 버렸다. 안테나가 꽁지 쪽으로 나와 있어 부리가 닿지 않을 거라고 생각했는데 목을 돌리니 안테나에 닿았던 모양이다. 게다가 물어뜯는 힘인 최대 맞물림압(교합압)이 큰부리까마귀 암컷은 110메가파

까마귀 등에 채운 GPS 발신기. 안테나가 꽤 길다.

스칼MPa, 수컷은 130메가파스칼이나 되었다. 즉 11~13kg/㎡의 힘으로 그 가느다란 철사를 두드리고 때린 것이다. 튀어나온 부위를 물고 뜯고 싶어 하는 것은 까마귀도 사람과 마찬가지였다.

GPS 로거, 꽤 호사스러운 실험

안테나가 튀어나온 발신기로는 까마귀 이동 범위를 쫓는 것이 어렵다고 판단됐다. 다른 새라면 모를까 까마귀는 생각대로 움직여 주는 상대가 아니었다. 안테나처럼 튀어나온 것이 없는 게 물어뜯지 않고 좋을 것이라고 생각했지만 안테나가 없으면 정확성이 떨어질 터였다. 이런저런 고민을 하는데 등산 친구가 GPS 로거logger를 알려 주었다.

GPS 로거는 이동 경로나 통과 시간을 GPS를 사용하여 기록하는 기계로

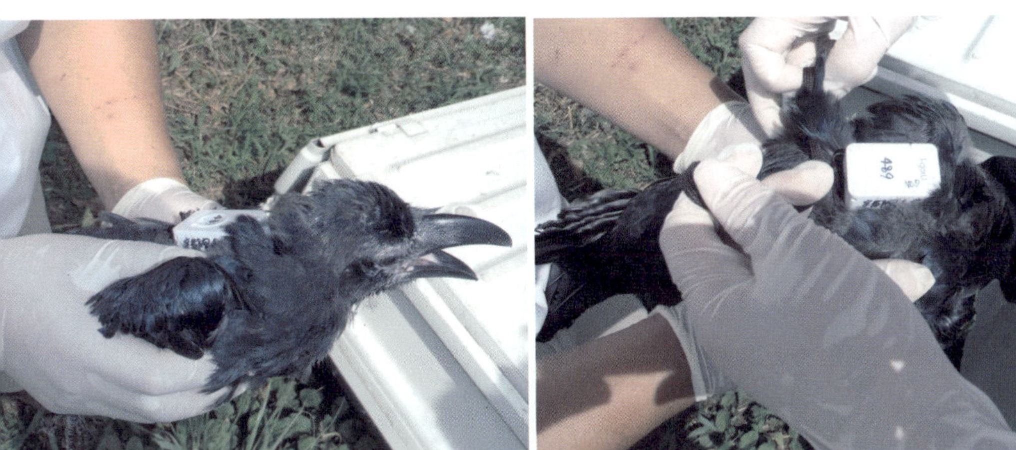

비행 연구의 구세주인 GPS 로거. 안테나가 붙은 GPS와 비교하면 소형이라 튀어나온 부분도 없다.

기록된 데이터를 뽑아 전용 소프트웨어로 데이터를 재현할 수 있다. 위치정보를 실시간 볼 수 없는 것이 단점이지만 등산이나 조깅을 하는 사람들은 자신이 걷거나 달린 경로를 지도로 재현하면서 즐긴다. 가격은 대략 6,000엔(한화 약 5만 6,000원). 돌아온다는 보장이 없는 까마귀 등에 6,000엔을 얹어 날리는 것이었다. 까마귀가 돌아오지 않으면 실험의 의미는 사라져 버린다. 까마귀 연구를 오랫동안 했는데 이렇게 호사스러운 실험은 처음이었다.

결과적으로 총 360마리의 까마귀에게 로거를 장착했는데 그중 226마리가 돌아와서 기대 이상이었다. 하지만 134마리가 돌아오지 않아 804,000엔(한화 약 750만 원)의 손해가 났다. 만약 까마귀가 이동한 경로를 쫓아서 조류독감이나 구제역의 전염을 막을 수 있다면 감염증으로 인해 살처분되는 닭과 소를 줄일 수 있을 것이다. 이렇게 생각하자 1개에 6,000엔은 싸 보였다. GPS 로거를 등에 업고 떠났다가 돌아온 까마귀를 통해 감염 확대 범위 등 계측 가능한 데이터를 얻을 수 있다면 몇만 마리의 닭과 소가 살처분을 면할 수 있다. 이는 몇십억 원의 가치를 낳는 것이다.

까마귀 연구를 시작할 때 까마귀가 어느 정도 날지, 어디에서 무엇을 하고 있을지 궁금해서 위험 따위는 생각하지 않고 차로 까마귀를 따라간 적이 있다. 위험해서 단념했는데 이제는 GPS 로거 덕분에 까마귀 비행 능력 연구가 앞으로 나아갈 수 있게 됐다.

빠르지도 느리지도 않은 비행 속도

GPS 로거 덕분에 귀한 데이터를 얻었다. 먼저 돌아온 까마귀들에게 "아이고 고생했다." 하며 GPS 로거를 벗겨 주었다. 까마귀를 날려 보낸 후 돌아올 때까지의 이동 경로를, 위치정보를 이용하여 컴퓨터로 분석한 다음 지도로 옮겼다. 동시에 이동 속도도 계산할 수 있어서 지금까지 알고 싶어도 몰랐던 까마귀의 비행 속도를 알 수 있었다. 기쁘고 두근두근한 순간이었다.

까마귀를 날려 보낸 장소는 두 군데였다. 한 곳은 실험실이 있는 우츠노미야 대학교 농학부 부속 농장(도치기현 모카시), 다른 한 곳은 나가노현 이다시였다. 날려 보낸 까마귀는 각각의 장소에 설치한 트랩으로 포획한 큰부리까마귀였다.

까마귀가 나는 속도는 어느 정도일까? 필드에서 까마귀를 보고 있으면 여러 속도를 느낄 수 있다. 두 마리가 술래잡기하듯 매우 빠른 속도로 날기도 하고 급선회를 하기도 한다. 저녁에 잠자리로 유유히 날아가는 모습도 있다. 어느 쪽도 수치화하기 어려웠는데 드디어 때가 온 것이다.

기록된 까마귀의 최고 비행 속도는 시속 73킬로미터. 평균 시속 약 34킬로미터. 스쿠터와 같은 속도다. 유럽칼새의 비행 속도는 평균 시속 36킬로미터, 페루펠리컨은 시속 41킬로미터 정도다. 까마귀의 비행 속도는 새 중에서 빠르지도 느리지도 않은 편이었다.

까마귀의 행동 범위

비행 거리를 보면 범위의 폭이 꽤 있다. 그중에는 단 하루 만에 나가노현 이다시에서 아이치현 도요타시까지 60킬로미터를 이동한 까마귀도 있었고, 이다시에서 기소산맥(중앙 알프스로 불린다)을 넘어 단숨에 20킬로미터를 이동한 까마귀도 있었으며, 한 달 반 동안 이바라키현 가스미가우라, 치바현의 후나바시, 도쿄 등을 전전하며 이동하다가 돌아온 까마귀 등 장거리 이동형인 '여행자 까마귀'도 있었다. 그러나 이런 여행자 까마귀는 드물고 대부분 '지역 까마귀'로 지역에 정착하여 생활하는 것으로 나타났다. 이는 34마리의 평균이지만 특별한 것이 없다면 반경 약 5~6킬로미터 내에서 생활하는 듯했다. 그리고 암컷과 수컷은 행동 범위가 다를 수 있다고 기대하고 분석했는데 그런 차이는 거의 없었다.

계절에 따른 행동 범위의 차이

여름과 가을은 까마귀의 이동 길이가 길고 겨울과 봄은 행동 범위가 좁다. 봄은 둥지를 만들고, 산란, 육아 등 가족의 영역 안에서 활동한다. 먹이도 풍부한 계절이라 멀리 갈 필요가 없다. 여름에서 가을에 걸친 새끼 교육 기간에는 행동 범위가 조금 넓어진다. 겨울에는 먹이를 찾으러 광범위한 곳을 날아다닌다고 생각했는데 의외로 행동 범위가 좁다. 에너지 소비를 줄이려고 쓸데없이 날아다니지 않는 것일 수 있다. 이것과 별도로 해의 길이에 따라 여름에는 일찍 일어나 긴 하루를 보내고, 겨울에는 짧은 하루를 보낸다. GPS 로거를 통해 까마귀들의 하루 출근 시간과 귀가 시간까지 알게 되었다.

축사를 사랑하고, 밤눈도 좋은 까마귀

얻은 데이터를 통해 까마귀가 어디에서 무엇을 하는지도 더 자세히 볼 수 있었다. 많은 까마귀가 항상 다니는 장소가 있었는데 점점이 흩어져 있었다. 까마귀들의 핫스팟은 네 군데였다. 구글맵으로 조사해 보니 어느 핫스팟은 보통 민가보다 큰 건물이었는데 지도상으로는 확인할 수 없어서 답답했다.

눈으로 확인하기 위해 바로 현장으로 향했다. 예상대로 축사였다. 까마귀들은 네 군데의 축사를 왔다 갔다 했다. 일반적으로 까마귀는 쓰레기장에 모인다고 생각하지만 환경에 따라 그렇지도 않다. 데이터를 보면 까마귀는 축산 농가 하루의 스케줄을 파악하고 있는 듯 이른 아침과 점심때를 정점으로 축사로의 침입을 반복했다. 착유와 먹이 주기 전, 그 후 사람이 없는 시간대를 노려 침입했다. 지역, 가축의 품종과 관계없이 축사는 까마귀의 방문이 가장 많은 장소일 것이다. 실제로 축산 현장에서 까마귀 피해 대책을 요구하는 경우가 많다.

가축을 개량하는 공공기관의 축사를 갔다. 혈통이 좋은 소에게 최적의 영양 밸런스에 맞춰 양질의 먹이를 주자 "그 먹이, 기다리고 있었어요!"라고 반기 듯 축사 지붕과 근처 전선에 까마귀가 다닥다닥 모여 있었다. 먹이통에 먹이가 채워지자마자 까마귀가 내려와 옥수수 등 좋아하는 먹이를 골라 먹기 시작했다. 가축에게 아무리 균형에 맞게 계산한 먹이를 줘도 까마귀가 멋대로 먹어 버리면 의미가 없다. 축사에는 까마귀가 좋아하는 것이 많고, 가축이 먹다 남긴 것도 까마귀의 먹이였다. 이를 보면 가축에게 감염성 병이 발생할 경우, 까마귀에 의한 감염 확대 가능성을 부정할 수 없다.

까마귀가 밤에 우는 것은 사람들이 싫어하는 행동이다. 많은 사람들이 까마귀는 밤에는 날아다니지 않는다고 생각하지만 GPS 로거 분석을 보면 밤에 행동하는 까마귀도 꽤 있다. 밤에 축사를 드나들고 밭에서 무언가를 찾는 까마귀도 있는 것을 보면 결코 밤눈이 어두운 것도 아니다.

2 날개를 움직이는 구조

까마귀의 다양한 비행 형태

수영에 평영, 접영, 자유형이 있듯이 새가 나는 방법에도 몇 가지 형태가
있다. '날개 퍼덕이기 형'은 날개를 퍼덕이고 일직선으로 바로 날아가는 일반
적인 새들의 비행 형태다. '파도 모양 비행형'은 날개를 퍼덕이면서 접는 식
으로 활공을 반복하는 것으로 할미샛과 새들의 비행 형태다. 솔개처럼 평상
시에도 날개를 거의 퍼덕이지 않고, 글라이더처럼 상승 기류를 이용하여 유
유히 선회하는 '활상(날개를 놀리지 않고 미끄러지듯이 낢)형'도 있다. 까마귀는
어떤 비행을 할까?

까마귀의 비행을 관찰해 보면 비행 형태가 여럿이다. 평소에는 날개를 펄럭
펄럭 퍼덕이며 나는 날개 퍼덕이기 형이다가 강가 상공에서는 솔개에게 참견
하면서 솔개 뒤를 쫓아가는 활공을 하기도 한다. 가을이 되면 태풍의 전조로
상승 기류와 비슷한 바람이 일어나는 경우가 있는데 그 바람을 타고 행글라이
더처럼 활상을 할 때도 있다. 몇 마리의 까마귀들이 바람을 타고 하늘 높이 날
아올랐다가 다시 내려오고는 또 올라가는 것을 반복한다. 여가를 즐기는 것처
럼 보이기도 한다. 어느 때는 펼친 날개를 접고 하강하면서 계속 날개를 접고
펴고를 반복하며 계단식으로 하강한다. 할미샛과 새처럼 파도 모양 비행으로
점점 앞으로 진행하는 것은 아니지만 일부 비슷한 비행 형태가 가능하다.

새들의 비행은 솔개처럼 활공하는 비행, 종달새나 참새처럼 계속 날개를
퍼덕이며 나는 비행, 비둘기처럼 날개 퍼덕이기와 활공을 합친 비행 등이 있
다. 까마귀는 어떤 형태의 비행도 가능하다. 놀이인지 먹이 뺏기인지 두세 마
리의 까마귀가 술래잡기를 하고 있을 때는 나선형으로 뱅글뱅글 돌며 급선
회와 하강을 하는 등 곡예비행도 한다. 이런 경우 어느 형태의 비행인지 분류

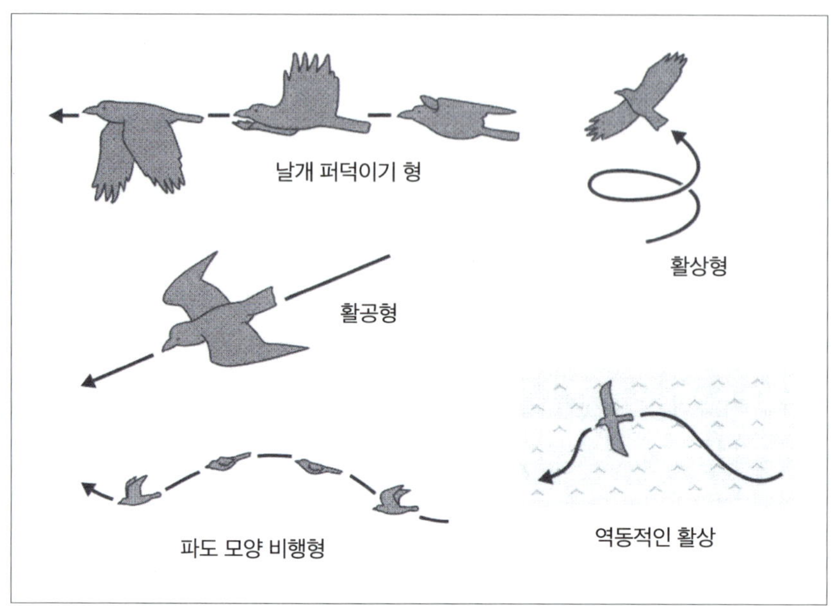

여러 가지 비행 형태. 까마귀는 어느 비행 형태에도 대응이 가능한 멀티형이다.

가 되지 않을 정도의 민첩한 비행이지만 이런 형태의 비행을 '다툼형'이라고 부른다.

날개를 움직이는 비행근

해부학자인 나는 까마귀의 나는 형태를 보면서 어떤 비행근을 가졌는지 흥미가 생겼다. 활공에는 지속성이 높은 성질의 근육이 필요하고, 급선회와 급상승 등에는 순발력이 높은 근육이 필요하다.

장거리형 지근과 단거리형 속근

근육부터 살펴보자. 근육은 색으로 적색근(I형)과 백색근(II형)의 두 종류로 분류된다. 적색근은 미토콘드리아가 많고 효소를 소비하면서 지속적으로

운동하는 근육으로 붉은 기가 강하고, 백색근은 미토콘드리아가 적고 무산소 운동을 잘하는 붉은 기가 약한 근육이다. 백색근은 근원섬유가 발달하여 신속하게 수축할 수 있는 속근fast muscle이다. 적색근은 지방과 탄수화물을 소비하는 효소가 풍부하여 천천히 하는 운동을 지속하는 지근slow muscle이다. 육상경기의 단거리 선수는 백색근이 많고, 장거리 선수는 적색근이 많다. 생선으로 말하면 붉은살 생선이 적색근, 흰살 생선이 백색근이다. 백색근은 Ⅱa형과 Ⅱb형으로 나누어진다. Ⅱa형은 적색근과 백색근의 양쪽 성질을 가지고 있고, Ⅱb형은 순수한 백색근 역할을 한다.

날개를 올렸다 내렸다 하는 가슴근육(흉근)

새가 날 때는 주로 천흉근淺胸筋과 심흉근深胸筋 두 종류의 근육을 사용한다. 이는 사람의 가슴근육에 해당하는 것으로 가슴근육은 가슴뼈(흉골)에서 위팔뼈(상완골)로 이어지고, 사람을 꼭 안을 때 팔을 움직이는 데 작용한다. 새 날개도 사람의 팔과 같아서 이 점을 염두에 두면 이해가 쉽다.

날개를 내리는 천흉근은 위팔뼈와 빗장뼈(쇄골)에서 시작하여 가슴뼈로 이어진다. 천흉근은 매우 발달해 이 근육이 부착된 가슴뼈 중앙이 초승달처럼 튀어나와 있어 용골돌기라고 한다(3장 참조). 한편 날개를 올리는 심흉근은 역시 위팔뼈에서 용골돌기로 이어진다. 그러나 천흉근과 같은 부위로 이어져 있으면서도 날개를 내리는 천흉근과는 움직이는 방향이 반대다. 부리돌기로 인하여 움직이는 방향이 바뀐다. 참고로 닭의 천흉근은 닭가슴살, 심흉근은 닭 안심살에 해당한다.

까마귀의 가슴근육

까마귀 가슴근육의 특성을 보려면 해부를 해야 한다. 해부하기 전에는 까

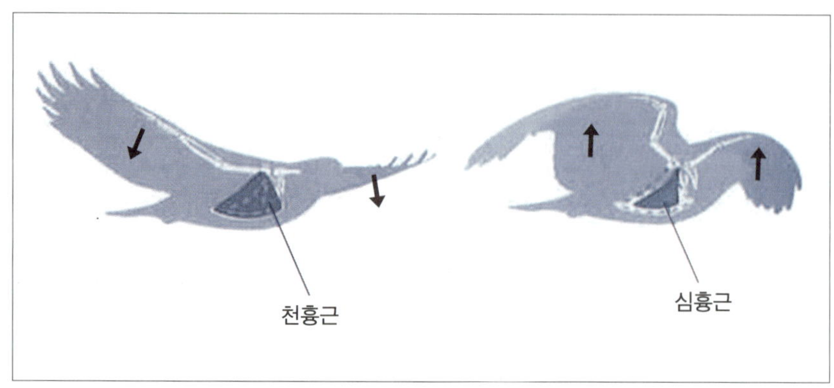

새의 가슴근육. 바깥쪽의 천흉근은 날개를 내리고 안쪽의 심흉근은 날개를 올린다.

마귀 날개 아래가 어떤 색인지 알지 못했다. 겉모습만 보면 당연히 까마귀 근육도 검은색일 것이라고 생각했기에 날개 아래 피부를 볼 때 흥미진진했다.

깃털을 뽑자 아주 옅은 검은색의 까마귀 피부가 드러났다. 피부에 메스를 대자 피부가 의외로 단단했다. 자연에서 몸을 지키려면 이 정도의 단단함이 필요한 걸까라는 생각이 들었다. 피부를 벗기자 가슴근육이 나타났다. 닭의 가슴근육은 밝은 핑크였지만 까마귀의 가슴근육은 붉은 기가 좀 더 있는 검붉은색이었다. 근육이 단련되면 근육의 색이 이럴까라고 생각하며 가슴뼈에서 신중하게 근육을 분리했다.

까마귀 가슴근육의 전체 무게는 150그램이었다. 까마귀 무게가 750그램 정도이니 몸의 약 20퍼센트가 가슴근육이다. 포유류는 가슴, 몸통, 어깨, 엉덩이, 허벅지 근육을 모두 합해야 겨우 전체의 20퍼센트니 까마귀 가슴근육이 얼마나 자주 사용되는지 알 수 있다.

까마귀 근육은 만능형

근육의 특성을 연구하려면 매우 세세한 작업과 생화학적 처리가 필요해서 최소한의 것만 알아봤다.

　근육 특성을 연구하기 위해서는 먼저 근육 조직을 잘라야 한다. 수분을 빼고 파라핀으로 굳힌 다음 마이크로톰이라는 기계로 얇게 자른다. 그런 다음 적색근, 백색근의 특성을 보기 위하여 화학적 처리를 한다. 근육을 구성하는 작은 단위는 미오신이라는 근원섬유다. 근육의 특성은 근원섬유의 활동에 의해 결정된다. 근육은 근원섬유가 움직여서 에너지인 ATP를 만들고 분해한다. 근육의 기능은 ATP를 기준으로 평가한다. 즉 미오신 ATPase 활성이 산성으로 안정적이면 적색근, 알칼리성으로 불안정하면 백색근이 된다.

　이런 복잡한 처리 과정을 거치자 까마귀 근육 타입을 알 수 있었다.[*] 까마귀 가슴근육은 날개를 내리는 천흉근의 약 75퍼센트가 백색근 IIa형, 약 25퍼센트가 백색근 IIb형이었다. 한편, 날개를 올리는 심흉근의 약 70퍼센트가 백색근 IIb형, 남은 약 30퍼센트가 백색근 IIa형으로 대략 보면 백색근이 100퍼센트임을 알아냈다. 적색근에 가까운 특성이 있는 IIa형이 천흉근의 70퍼센트 이상을 차지하는 것이 흥미를 끄는 포인트다. 까마귀는 솔개만큼은 아니지만 활상 비행이 가능하다. 활상에는 지속적으로 움직이는 근육이 필요하다. 날개를 펼치고 지속적으로 천천히 공기를 타려면 적색근의 특성이 있는 백색근 IIa형의 천흉근이 날개를 펼친 채로 유지하고 날개를 수평으로 고정하는 두 가지 움직임의 연대 결과라고 생각할 수 있다. 날개를 펄럭펄럭하며 끊임없이 움직일 때와 급하게 바람을 가르는 소리를 내면서 날 때는 날

---

*　적색근은 지구력을, 백색근은 순발력을 담당한다. 솔개는 하늘 높이 날개를 펼치고 떠 있어야 해서 지구력을 담당하는 적색근이 있다. 닭과 오리는 주로 홰를 치며 퍼덕퍼덕 날개짓을 하기 때문에 순발력을 담당하는 백색근이 있다. 까마귀는 홰도 치고 날개짓을 하면서 솔개만큼은 아니지만 공중에 떠서 활공도 하기에 순발력도 지구력도 필요하다. 이때 적색근 대신 적색근과 비슷한 기능을 하는 백색근 IIa가 닭과 오리보다 많아서 활공이 가능하다. 단, 이번 연구는 가슴근육으로 했다. 참고로 닭의 다리 근육에는 적색근이 많다.

개를 짧은 시간에 퍼덕이기 위해 천흉근 혹은 심흉근의 백색근이 필요하다.

까마귀의 근육과 솔개의 근육을 비교해 보면 솔개는 넓은 하늘을 유유히 원을 그리며 선회한다. 솔개의 천흉근은 적색근이 10.7퍼센트, 백색근 IIa형이 56.8퍼센트, IIb형이 32.5퍼센트다. 심흉근은 적색근이 22.2퍼센트, 백색근 IIa형이 63.8퍼센트, IIb형이 14퍼센트다. 솔개는 활공형의 본보기가 되는 새다. 날개를 고정할 때 움직이고 참을성 있게 길게 움직이는 적색근이 천흉근과 심흉근에 있는 것은 원리에 맞는 것 같다.

닭과 오리는 어떨까? 닭은 적색근이 하나도 없고, 심흉근과 천흉근에서는 비율이 다르지만 백색근 IIa형, IIb형만 있다. 닭은 왜 적색근이 없고 백색근만 있을까? 닭은 날지 않고 지면에서 생활하는 데다 날개도 작다. 긴급할 때는 푸드덕푸드덕하고 날개를 홰치는 모습을 보면 확실히 백색근이 맞는 듯

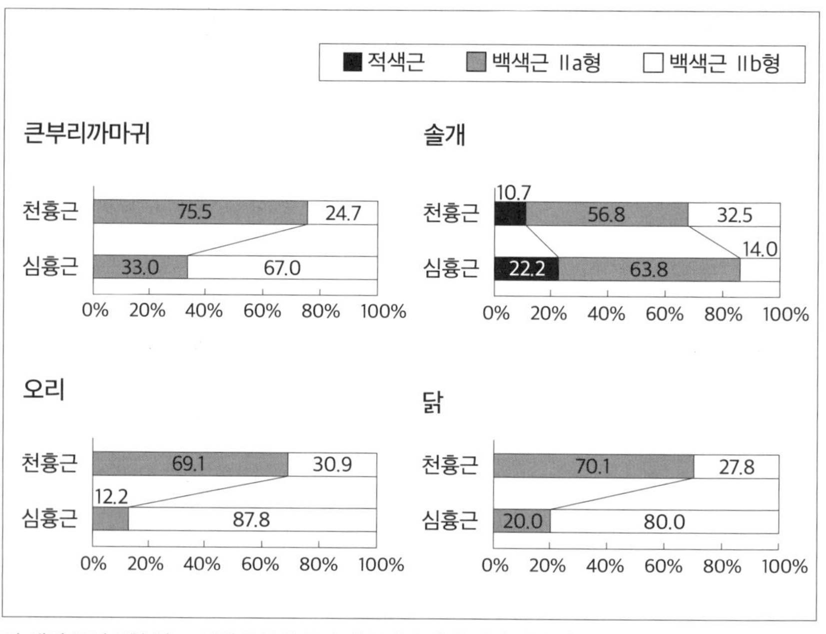

각 새의 근섬유형 비교. 생활양식의 차이 때문인지 새에 따라 비율이 다르다.

하다. 오리도 적색근이 없고 백색근 Ⅱa형, Ⅱb형만 있다. 오리가 날 때는 바쁘게 날개를 움직인다. 날개를 퍼덕이면서 동시에 빨리 회전하는 방법으로 나니 백색근만 있는 것이 이해된다.

3 까마귀의 날개

훌륭한 설계로 탄생한 날개

비행에는 날개가 매우 중요하다. 날개가 있어야 새다. 날개에는 날 때 양력(물체가 운동할 때 직각으로 작용하는 힘. 비행기가 날 수 있는 힘이다)을 만드는 날개깃이라는 깃털이 있다. 날개깃에는 첫째날개깃과 둘째날개깃 두 종류가 있어서 8~10번째의 첫째날개깃은 손허리뼈(중수골)에 부착, 7~9번째 둘째날개깃은 자뼈(척골)에 부착되어 합쳐서 18장이 된다. 한 장의 깃털을 보면 중심에 깃축이 있고, 그 깃축에서 약 250개의 깃가지가 안쪽과 바깥쪽을 향해 나 있다. 안쪽으로 나 있는 깃가지를 안깃, 바깥쪽으로 나 있는 깃가지를 바깥깃이라고 한다. 까마귀에서 빠진 깃털을 길에서 자주 보는데 날개깃의 바깥깃은 날개 바깥쪽으로 갈수록 그 비율이 낮아져서 깃축을 중심으로 보면 한쪽에 극단적으로 좁은 깃털이 있다. 그 깃털은 첫째날개깃일 가능성이 크다. 옆 깃털의 안깃과 바깥깃은 겹쳐 있어 전체적으로 보면 기와지붕처럼 보인다(3장 참조). 까마귀 날개는 이 겹쳐진 깃털의 연속으로 되어 있다. 얼마나 훌륭한 설계인가? 이 겹침이 없다면 공기는 깃털과 깃털 사이를 빠져나가 날개의 기능을 상실해 버릴 것이다.

날개의 크기는 넓게 펼친 상태로 폭이 약 1미터, 면적은 크게 날개편길이를 합쳐 약 1,400제곱센티미터가 된다. 600~800그램의 체중, 넓은 날개로

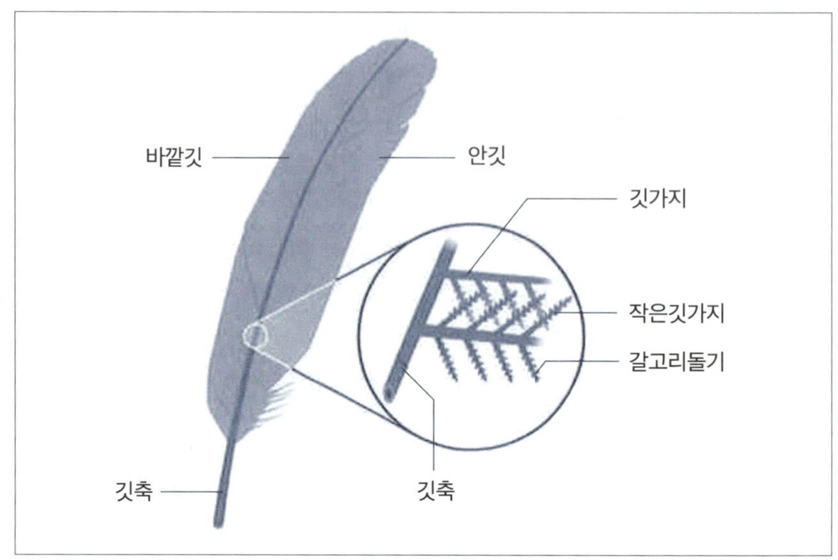

날개의 구조. 깃털 펜 등에 사용되는 새 깃털은 날개깃인 경우가 많다.

공기를 치며 양력을 만들다니 대단하다. 부채를 부치면서 팔 아프다고 말하면 안 되겠다.

날개가 공기를 받는 구조는 아주 미세한 곳까지 잘 만들어졌다. 약 250개의 깃가지를 하나하나 살펴보면 그 깃가지에서 작은깃가지가 셀 수 없을 정도로 나 있다. 이 작은깃가지가 깃가지의 작은 틈을 메우고 있다. 작은깃가지에는 미세 갈고리돌기가 있어서 옆에 있는 작은깃가지를 당겨 연결한다. 날개깃들은 옆에 있는 깃털과 겹쳐 날개의 일체감을 만드는데, 작은깃가지들도 옆의 작은깃가지와 함께 맞물려 일체감을 만든다. 바람을 가르고, 바람을 타고, 바람을 치는 날개는 섬세한 구조로 일체감을 훌륭하게 뽐낸다.

날개 색의 성적 이형성

까마귀 깃털은 어딜 봐도 다 검어서 겉으로 보기에 암수 구별이 어렵다. 새의 깃털은 날기 위한 것뿐만 아니라 이성에게 어필하기 위해서도 사용된다. 예로 들면 내가 사는 곳은 자연이 좋은 곳으로 봄이 되면 산책 중에 장끼(수컷 꿩)가 아름다운 깃털로 '쾽, 쾽' 하고 울며 자신의 영역을 주장하는 모습을 볼 수 있다. 장끼는 까투리(암컷 꿩)와 비교해 깃털 색이 매우 아름답다. 수컷 오리도 암컷보다 깃털이 화려하다. 따라서 어느 순간부터 혹시 까마귀 깃털에도 성적 이형성이 있지 않을까 하는 생각이 들었다. 까마귀를 보면 전체가 결코 똑같은 검은색이 아니다. 목둘레 깃털은 검은색이 깃든 보라색을 띠고 광택도 난다. 날개깃에도 검은색과 보라색의 광택이 있다. 광택은 까마귀마다 조금씩 다르다.

까마귀를 다른 새처럼 겉모습으로 암수를 구별할 수 있다면 굉장한 발견이며, 행동 관찰에도 추진력을 얻을 수 있다. 보통은 수컷이 아름다운 깃털을 펼쳐 춤을 추고 먹이를 바치는 등의 행동으로 구애하기 때문에 암수 구별이 쉽다. 하지만 까마귀는 검은색 일색이어서 겉모습만 보면 암수 구별이 어려운데 실마리가 풀리기 시작했다. 보면 볼수록 광택이 있는 까마귀와 그렇지 않은 까마귀가 구별되었기 때문이다. 유해조수로 잡혀 죽은 까마귀를 해부하기 전에 날개와 몸 분위기로 암수를 예측해 봤다. 그랬더니 깃털의 광택 정도만으로 80퍼센트 정도 암수 구별을 할 수 있었다. 덕분에 자신감이 생겨 까마귀 깃털의 성적 이형성에 관한 연구를 시작했다.

빛의 짜임으로 만든 구조색

빛의 짜임이 만들어낸 공작 깃털의 구조색은 눈이 부실 정도로 아름다운데 이는 색소가 만들어내는 게 아니라 깃털 안에 있는 멜라닌 과립의 배열 차이와 빛의 반사로 만들어진다. 이처럼 미세구조의 배열과 빛 반사, 간섭을 거쳐 만들어지는 색이 구조색이다. 풍뎅이와 비단벌레 등의 곤충, 비눗방울,

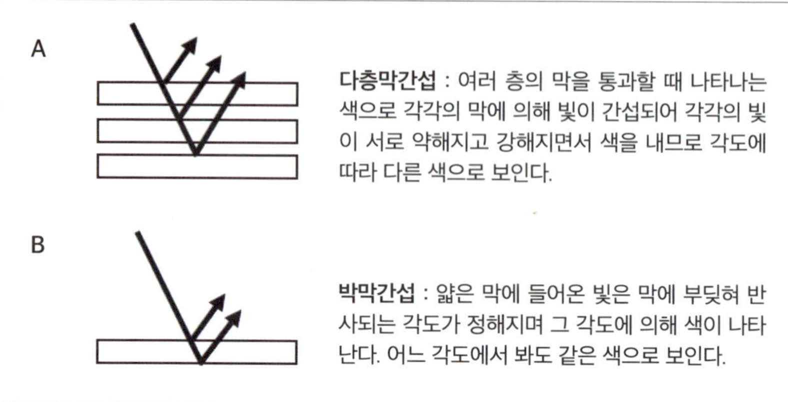

빛의 짜임으로 만들어 내는 환상의 색인 구조색. 빛의 산란, 간섭, 회절이 물체 표면에서 일어나고 구조색이라 불리는 현상이 나타난다.

CD 표면의 색 등이 구조색이다.

예를 들어 수컷 공작 깃털에서는 부위에 따라 다르지만 지름이 160~210 나노미터 되는 멜라닌 과립이 규칙적으로 층을 이루어 배열되어 있다. 태양 빛의 여러 파장은 각각의 멜라닌 과립층에 부딪히고 반사되어 나간다. 반사광이 자수를 놓는 것처럼 빛을 짜서 깃털 색을 형성하는 것이다. 공작 깃털의 눈부신 색은 빛의 직물로 만들어진 요술 같은 색이다. 멜라닌 과립이 작고 층이 많을수록 아름다운 색을 낸다. 다채로운 색의 수컷은 멜라닌 과립층이 많고, 수수한 색의 암컷은 멜라닌 과립층이 적든가 아예 없는 것이 많다.

날개로 알 수 있는 암컷과 수컷

까마귀는 공작과 비교도 안 될 만큼 수수하고 볼 것도 없지만 구조색으로 암수 구별이 가능한지 수수께끼를 풀기로 했다. 까마귀 깃털은 250여 개가 넘는 깃가지로 이루어져 있고, 그 깃가지에 작은깃가지가 나 있다. 깃털을 자세히 관찰하면 큰부리까마귀 암수의 깃가지 수가 서로 다름을 알 수 있다. 깃가지는 수컷이 평균 262개, 암컷이 250개다. 당연히 수가 많은 쪽이 깃가지 틈이 좁고 깃가지들이 매우 가까이 붙어 있다. 게다가 작은깃가지에 나 있는 갈고리돌기 길이가 수컷은 24마이크로미터, 암컷은 40마이크로미터로 암컷이 더 길었다.

갈고리돌기가 옆에 있는 작은깃가지에 걸려 일체감을 내는 역할을 하면, 수컷의 갈고리돌기가 더 짧기에 작은깃가지 밀도가 더 높다고 유추할 수 있다. 다른 새들도 마찬가지로 수컷의 깃털 구조가 더 촘촘하다. 이 촘촘한 깃털을 전자현미경으로 관찰했다.

까마귀 깃털에도 구조색이 있을까? 구조색의 발색에는 여러 이유가 있다. 하나는 다층막간섭으로 공작 깃털처럼 각도에 따라 색이 초록에서 보라색 등으로 달라 보이는 것이다. 이것은 공작 깃털의 작은깃가지 속의 수많은 멜라닌 과립층에서 반사되어 나온 빛이 색채를 띠면서 나오는 현상이다. 또 하나는 박막간섭이다. 비눗방울은 이쪽저쪽 어느 쪽에서 봐도 무지갯빛으로 보인다. 하나의 막을 통과하면서 특정 파장만 반사되어 나오는 색이어서 어느 쪽에서도 같은 색으로 보인다.

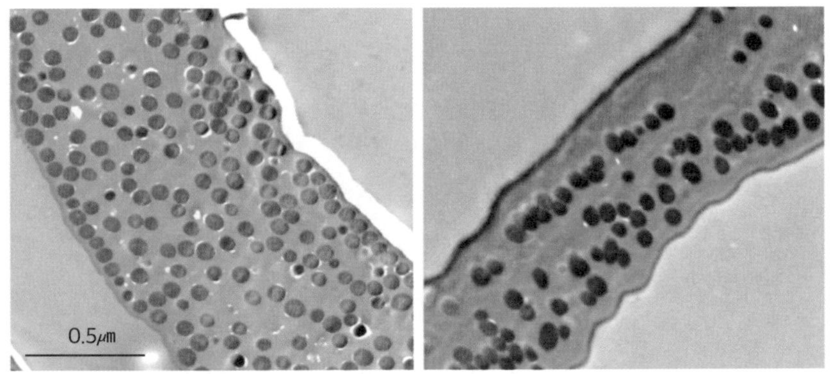

작은깃가지 단면의 전자현미경 사진. 왼쪽이 수컷, 오른쪽이 암컷. 수컷은 멜라닌 과립이 배열되어 있지만, 암컷에서는 멜라닌 과립의 배열이 잘 보이지 않는다.

까마귀 깃털색은 작은깃가지 속의 멜라닌 과립층에서 반사되어 나오는 빛이 내는 구조색이다. 까마귀의 작은깃가지 단면을 전자현미경으로 보면 수컷은 작은깃가지 표면 바로 아래에 한 층으로 된 멜라닌 과립층이 있다. 물론 암컷에도 멜라닌 과립은 있지만 수컷처럼 규칙적이거나 층으로 된 것은 없다. 게다가 수컷 깃털의 바깥깃을 이루는 작은깃가지의 멜라닌 과립의 밀도는 안깃보다 약 2배 높다. 바깥깃은 몸 표면으로 나와 있는 부분이 많고 광택이 난다. 보는 각도에 따라 광택 있는 보라색이 나오는 것은 한 층으로 된 멜라닌 과립 때문이다. 까마귀 깃털에도 역시 성적 이형성이 있으므로 서로 처음 볼 때 소통 도구로 사용하지 않을까 생각한다.

비행에 적합한 까마귀의 호흡기

날아다니는 새는 비행할 때 호흡량이 상당하다. 그래서 폐가 포유류보다 몸의 크기에 비해 크다. 포유류의 폐는 가슴 안에 있으며, 까마귀의 폐도 똑같이 가슴 안에 있다. 하지만 갈비뼈와 갈비뼈 사이에 깊이 들어 있는 부분도 있다. 가슴 안에 버려지는 공간 없이 폐로 꽉 차 있다.

대부분 조류의 폐는 목 기낭(조류의 폐에 딸려 내부에 공기를 채우고 있는 얇은 주머니), 빗장뼈(쇄골) 간 기낭, 앞가슴 기낭, 뒷가슴 기낭, 배 기낭 등 크게 9개의 기낭이 있다. 그중 배 기낭과 뒷가슴 기낭은 들이마신 공기를 체내에 저장하는 곳이다. 이 기낭들은 내장과 갈빗대힘살(늑간근, 갈비뼈와 갈비뼈 사이를 연결하는 근육) 사이, 특히 목 기낭의 일부는 목뼈 횡돌공Transverse Foramen(경추의 횡돌기에 있는 구멍)을 지나 척수경막상강Epidural space과 골질 안까지 들어가 다량의 공기를 가지는 구조다.

그런데 새에게는 포유류가 가지고 있는 폐를 팽창하고 수축하는 가로막(횡경막)이 없다. 그래서 숨을 들이마실 때에는 가슴뼈를 내리고 뱉을 때에는 가슴뼈와 갈비뼈를 움츠려 기낭을 수축시켜 폐에서 공기를 밀어 내보낸다. 폐는 항상 산소가 풍부한 공기로 가득 차 있다.

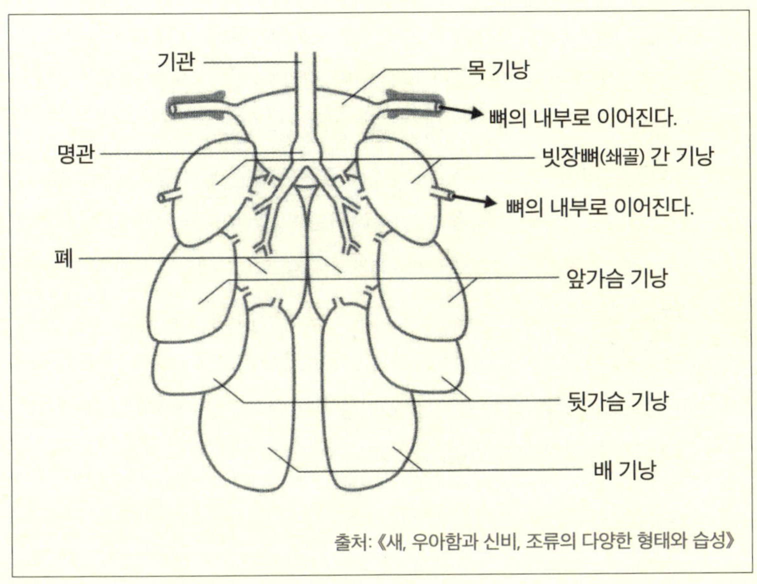

출처: 《새, 우아함과 신비, 조류의 다양한 형태와 습성》

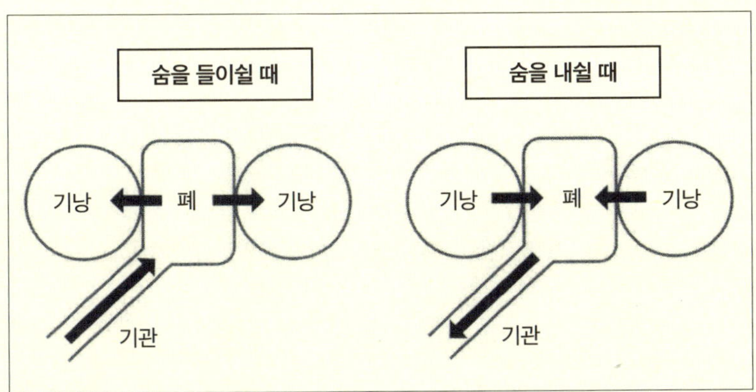

산소의 흐름을 화살표로 표시한 모식도. 호흡을 들이마실 때도 뱉을 때도 폐는 산소로 채워져 있다.

까마귀를 먹는 나라

한국과 중국은 까마귀 고기를 자양강장제로 먹었다.[*] 일본에서도 지역에 따라 까마귀 축제 때 까마귀 고기를 먹는다. 우츠노미야 대학교에는 아미노산과 영양 관련 전문가가 있고, 아미노산 분석기 등 실험 기계가 갖춰져 있다. 그래서 까마귀 근육의 영양 가치를 조사해 봤는데 흥미로운 결과가 나왔다.

큰부리까마귀, 까마귀*Corvus corone*의 심흉근과 천흉근에서 유리아미노산 32종류와 디펩티드 2종류가 나왔다. 그중에서도 타우린이라는 유리아미노산이 40~50퍼센트나 들어 있었다. 닭 7퍼센트, 청둥오리 6퍼센트와 비교해도 매우 높은 수치다. 타우린은 자양강장제와 영양 드링크 안에 많이 들어 있다. 소화와 신경 전달, 활성산소 억제 등에 작용하는 물질로 알려져 있다. 까마귀에 타우린이 다량 함유되어 있는 걸 보면 옛날 사람들은 경험적으로 까마귀 고기가 건강과 연결된다는 것을 알고 있었던 것이 아닐까?

---

[*] 일본에서는 까마귀 요리책도 출간되었지만 우리나라는 현재 먹지 않는다. 과거 신문 기사에는 정력에 좋다고 마리당 30만 원을 호가했다고 나온다. 《매일경제》(1991. 1. 10), 《조선일보》(1991. 12. 3)_옮긴이

1 까마귀 사건 수첩

까마귀가 재판의 쟁점으로

사람들이 까마귀를 미워하고 싫어하는 이유가 있다. 까마귀는 옛날부터 사람들과 너무 가깝지도 너무 멀지도 않은 생활을 해왔는데 농작물 피해, 소음, 분뇨 피해, 송전 장애 등의 문제를 일으키는 주범이 되었다. 구체적인 사례와 함께 까마귀와 함께 사는 방법을 찾아보았다.

어느 날, 연구실로 전화가 왔다. 변호사였다. 까마귀에 관한 일이었다. 한 화학약품 회사가 전력회사에 손해배상을 청구했는데 까마귀가 관련되어 있다고 했다.

화학약품 회사로 들어오는 전압이 끊겨 생산 설비의 흐름이 정지됐고, 발생한 유독 가스가 근처 주택가로 흘러 들어 주민들이 피해를 보았다. 그런데 송전 장해의 원인이 까마귀 둥지라는 것이었다. 화학약품 회사는 전력회사가 까마귀 둥지를 미리 방지했으면 사고를 막을 수 있었을 테니 책임은 전력회사에 있다고 손해배상을 청구한 상황이었다.

변호사는 "까마귀 둥지 만드는 시기가 예측이 가능한가요?"라고 물었다. 예측 가능하다면 피해가 일어나지 않도록 둥지 방지책 혹은 둥지 철거 등의 대책을 세워 정전을 미리 방지할 수 있었다는 것이다. 그것을 하지 않아 사고가 일어났으므로 화학약품 회사가 전력회사에 손해배상을 청구할 수 있었다고 했다. 한편 자연재해처럼 예측이 불가능하다면 손해배상 청구는 어렵다고 했다.

까마귀는 매년 같은 장소에 둥지를 만드는 경우가 많아 '예측 가능'이라고 충분히 생각할 수 있다. 변호사는 재판에서 싸울 때의 증거로 의견서를 원했다. 까마귀 둥지 만들기의 습성 등을 의견서로 쓸 수밖에 없어 난처했다. 이 재판은 결론이 나지 않았지만 '○○전력 까마귀 둥지 소송'으로 알려져 있다.

▶ 이 사건은 2011년 화해가 성립되었다. 전력회사는 화학약품 회사에 화해금액 50만 엔(한화 약 500만 원)을 지급했다. 더 이상의 책임을 지지 않고 설비 보수를 더욱 강화하겠다는 것을 조건으로 화해가 성립되었다._옮긴이

경찰서에서 온 전화, 까마귀가 범인?

악의 없는 장난꾼 범인

까마귀 연구를 하다 보면 생각지도 못한 곳에서 문의가 온다. 문의가 가장 많은 곳은 경찰서다. 히로시마현 역 앞에 있는 화단이 망가졌다. 경찰에 따르면 지역의 자선단체에서 역 앞에 있는 화단에 계절별로 작은 꽃들을 심는데 어느 날 아침, 꽃들이 다 뽑혔다는 것이다. 몇 번이나 반복되어 심한 장난으로 보고 경찰에 신고를 했다. 조사로 밝혀진 범인은 사람이 아니라 까마귀였

다. 이른 아침에 까마귀가 심은 지 얼마 안 된 스위트피를 부리로 집어서 뽑고 또 뽑기를 반복했다는 것이다.

경찰은 까마귀가 왜 그런 짓을 하느냐고 내게 물어 왔다. 까마귀가 어떤 종류인지 경찰들은 모른다고 했다. 많이 듣던 내용이다. 경찰에게 까마귀는 놀이로 하는 행동이라고 알려줬다. 까마귀가 방금 심은 모종을 뽑아서 농민들에게 피해를 준다는 것과 비슷한 내용이었다. 농민들은 큰부리까마귀보다 까마귀*Corvus corone*에 의한 피해가 더 크다고 말한다. 까마귀가 방금 심은 모종이든 씨든 다 뽑는 모양이다. 까마귀의 이런 행동은 그저 놀이이기도 하고, 배를 채우는 실익을 위한 행동이기도 하다. 화단을 망가트린 까마귀들에 대해서는 많은 경찰 인력을 투입하여 어찌어찌 대응했다고 한다.

◑ 결국 까마귀가 범인인 하나의 해프닝이었다. 당시 언론에서는 동네 폭주족을 의심했는데 까마귀가 범인이었다는 기사를 냈다._옮긴이

시체유기 용의자

이번에는 무려 형사과에서 전화가 왔다. 형사과라고 하니 괜히 가슴이 두근거렸다. 형사인 듯한 남성이 연구실로 방문하겠다고 해서 불안했는데 다행히 훈훈한 분들이었다.

그런데 대화는 으스스했다. 어느 집의 정원에서 태아의 머리가 발견되었다는 것이다. 현장 사진도 있었다. 의대에서 공부할 때 인체 해부를 몇 번 해 봤기 때문에 별다른 느낌이 없었는데 일반인들에게는 잠자리가 사나워질 만한 사진이었다. 태아의 개월 수는 모르겠지만, 무게는 수백 그램 정도로 사람의 형태를 갖추고 있었다. 그리고 볼에 무언가에 쪼인 흔적이 조금 있었다. 사건과 관계가 없는 민가의 정원에서 발견되었기에 까마귀 혹은 고양이가 어딘가에서 물고 온 것이 아닐까 추측한다고 했다.

까마귀가 200~300그램의 도시락을 봉지째로 들고 간다는 이야기를 들었고, 큰부리까마귀라면 1킬로그램 정도의 물건을 무는 힘이 있으니(3장 참조) 까마귀가 옮겼을 가능성도 있다고 답했다. 고양이나 개라면 안전한 곳으로 옮겨 볼 등을 찢어 먹었을 텐데 태아의 머리에는 그런 상처가 없었다. 큰부리까마귀가 발견하고 안전한 장소로 옮기던 중에 떨어뜨린 것이라 생각할 수 있었다. 큰부리까마귀는 로드킬 당한 고양이나 너구리 등 무거워서 옮길 수 없는 것은 바로 그 자리에서 쪼아 먹지만 옮길 수 있는 것은 안전한 장소로 옮겨서 먹는다. 아마도 누군가 아기를 낳고 쓰레기랑 섞어 버렸는데 까마귀가 발견한 것으로 추측되었다. 까마귀의 먹이 습성 이야기를 들은 형사들은 사건과 엮어서 시체유기 사건으로 조사를 계속했다.

❯ 이 사건은 까마귀와 상관없는 형사 사건으로 진행되었다. 경찰은 까마귀의 특성 등을 알기 위해서 조사를 했던 것이다._옮긴이

도둑맞은 반지도 까마귀가 범인?

경시청의 관할 구역 경찰국에서도 전화가 왔다. 집을 비운 사이에 2층에 무언가 침입한 흔적이 있고, 반지가 사라졌다는 신고가 들어왔다고 했다. 현관은 잠겨 있었으나 2층 창문은 열린 채였다. 집에 돌아오니 2층에 무언가 침입한 흔적이 있고 반지가 없어진 것을 알아차려 급하게 경찰서로 전화한 것이다.

이 사건에서는 "현관은 잠겨 있고 2층만 침입한 흔적이 있다."라는 것이 포인트였다. 조사에 따르면 목격자는 까마귀가 옆집 2층에서 들어갔다 나왔다 하는 것을 봤다고 했다. 경찰이 궁금한 것은 "까마귀가 주택 2층에 들어가서 반지를 훔칠 수 있는가?"였다. 목격자 증언도 있고, 창문이 열려 있었으니 그럴 가능성이 있다고 설명했다.

◆ 까마귀가 범인이었더라도 까마귀를 잡을 수는 없었다. 결국 반지도 찾지 못했다._옮긴이

소가 죽는 가축 피해

까마귀, 특히 큰부리까마귀는 축사에 자주 드나든다. 까마귀는 소 사료에 들어 있는 옥수수를 매우 좋아하고, 소화가 덜 된 소똥에도 까마귀가 먹을 것들이 잔뜩 섞여 있어서도 좋아한다. 까마귀에게 소 축사는 여러 가지로 아주 좋은 장소라서 가끔 말도 안 되는 장난을 치기도 한다. 까마귀가 소 피부를 쪼는데 굵은 혈관을 뚫어서 출혈사를 일으키기도 한다. 홋카이도에서 가끔 일어나는 사고인데 까마귀 부리에 쪼인 상처 때문에 감염증이 퍼져 소를 폐사시키는 일도 있다. 젖소에 작은 상처가 생긴 것을 큰부리까마귀가 쪼아서 상처 구멍을 깊고 넓게 만들면서 큰 상처가 되고, 그런 상처는 다시 까마귀의 공격대상이 된다. 결국엔 감염으로 농이 생겨 유선과 유방까지 감염 증상이 나타나면 패혈증으로 젖이 안 나오고 상태가 나빠진다.

상처가 없어도 송아지 눈과 항문 등 부드러운 부분 또한 표적이 된다. 오키나와현 야에야마 지방은 브랜드 쇠고기 이시가키소의 산지로 유명한데 이곳에서도 까마귀가 송아지를 부리로 쫀다. 이러니 축산 농가에게 큰부리까마귀는 심각한 문제다.

소 이외에도 공원에 있는 작은 사슴이 까마귀에게 부리로 공격을 받아 상담이 들어온 적이 있다. 대체로 태어난 지 얼마 안 된 새끼들이 피해를 많이 입는데 계속 공격당해서 출혈사한다는 상담이었다. 이런 경우는 실내 축사로 신속히 옮겨 격리하여 사육하는 방법밖에 없다.

전봇대에 둥지를 튼 까마귀 vs 정전을 막아야 하는 전력회사

2016년 《요미우리 신문》 이시가와 지역 뉴스를 보면 호쿠리쿠전력이 2015년 2~5월에 전봇대에서 철거한 까마귀 둥지가 무려 1만 6,588개였다. 둥지가 원인이 되어 발생한 정전은 연간 6건 정도다. 도호구전력 니가타 지점에서도 2009년에 둥지 3,721개를 철거했고 둥지로 인한 정전은 30건이었다. 전봇대의 형태가 숲의 나뭇가지와 닮았고, 시선이 탁 트여서 까마귀 둥지 만들기에 최적화되었기 때문이다.

일본 전국의 전력회사가 이와 비슷한 상황이고, 이보다 많은 수의 둥지가 전봇대에 있다. 각 전력회사는 몇 만 개나 되는 전봇대를 순찰하고 정전을 일으킬 만한 둥지를 철거하고 있다. 어느 전력회사는 둥지를 못 만들게 연간 약 수십억 원의 예산을 들인다. 일본에는 북쪽으로는 홋카이도전력, 남쪽으로는 오키나와전력까지 주요 전력회사가 열 군데 정도 있다. 까마귀가 전봇대에 둥지를 만들지 못하게 하는 대책이 개발된다면 큰 성공을 거둘 것이다.

 ◐ 이 문제는 여전히 둥지를 철거하는 방법을 쓰고 있다. 전선에 앉지 못하게 선을 코일 형태로 하는 실험을 하기도 했는데 전력회사는 결국 까마귀 퇴치를 위해 실험을 했던 코일을 구입하지 않았다. 오히려 농업용으로 사용되거나 밭에 야생동물이 들어오지 못하도록 지키거나 일반 가정의 마당을 지키는 용으로 코일이 개발되어 판매되고 있다._옮긴이

도시 중심가의 분뇨 피해

지방 도시에서도 까마귀에 관한 지역 주민들의 민원이 많다. 2007년 미야자와 겐지 작가의 고향인 이와테현 하나마키시 중심가에 약 만 마리의 까마귀들이 일몰 때 몰려 들어서 전선과 건물 옥상을 점거하고 대량의 똥오줌을 쏟아냈다. 보도는 더러워졌고 통행에도 지장을 주었다. 2015년 나가노시 중

심가에 수백 마리의 까마귀가 몰려 도로가 똥오줌으로 더러워지고 울음소리로 시끄럽다는 민원이 쇄도했다. 2016년 아오모리시도 까마귀 피해가 심했다. 모두 까마귀가 집단으로 도시 중심에 나타났기 때문이다. 똥오줌과 울음소리 때문에 민원이 속출했다.

전국 도시에서 까마귀가 집단화되어 문제를 일으키고 있었다. 내가 방문했던 가나자와시, 고후시, 야마가타시, 아이츠와카마츠시 등 모두 마찬가지였다. 대부분 가을에서 겨울 사이에 걸쳐서 나타났다. 아마도 지방 도시를 겨울 잠자리로 정한 것으로 보인다. 겨울은 혹독한 자연환경, 먹이 확보 등이 어려운 계절이다. 분산하여 생활하는 까마귀는 상황이 어려워지면 좋은 장소를 찾아서 모인다. 까마귀들은 지방 도시가 먹이, 기후, 모일 수 있는 환경 등 서식지로 좋다고 생각해서 산으로 가지 않은 것 같다. 몇백 마리 까마귀가 철탑과 전선에 줄지어 앉아 있는 모습을 자세히 보면 확실히 까마귀들은 쾌적한 얼굴을 하고 있다.

▶ 까마귀들은 여전히 몰려다니면서 집단생활을 하고 있다. 철탑과 전선에 집단으로 앉아 있다가 음식물 쓰레기가 나오면 먹고는 저녁에는 산으로 가서 잠을 자는 일상을 누리고 있다. 하지만 자외선을 차단하는 음식물 쓰레기 봉투를 사용하면 음식물 쓰레기가 까마귀의 눈에 보이지 않아서 까마귀가 집단으로 나타나지 않고, 주변 동네로 이동하기도 한다._옮긴이

놀이삼아 태양광 패널을 돌로 깨는 거니?

2011년 동일본 후쿠시마 대지진 후 자연 에너지를 사용하는 움직임이 가속화되었다. 이전부터 풍력과 수력 등의 발전도 있었지만 후쿠시마 원전 사고에 의한 방사능 물질의 확산은 전무후무한 일이어서 세계가 한 뜻으로 탈원전을 외치는 것이 당연했다. 그런 분위기에서 전국 각지의 빈터와 휴경지

등에 태양광에너지 발전 패널이 설치되었다. 우리 집 주변에 있는 휴경지에도 태양광 패널이 채워졌다. 그런데 그 패널이 까마귀의 흥미를 끌어당겼다. 2015년 10월 6일 아이치현 한다시에 설치된 태양광 패널에 까마귀가 돌을 떨어트려 깨졌다는 기사가 실렸다. 2년 동안 55장의 패널을 교체해야 했다. 같은 일이 간토 지방에서도 일어나 관련 회사로부터 상담이 많았다.

까마귀는 원래 호두나 조개를 높은 곳에서 떨어트려 껍질을 깨고 먹는다. 돌을 주워 떨어트리는 행동은 일부 호두 깨기 행동과 비슷하지만 돌이 먹는 것이 아님은 까마귀도 안다. 돌이 패널에 부딪혀 튕겨 나오니 흥미를 느껴 놀이를 하는 것 같은데 까마귀의 진의를 알 도리는 없다.

● 까마귀들은 별다른 제지 없이 여전히 호두를 깨고 돌을 튕기면서 잘 놀고 있다._옮긴이

광섬유를 둥지로!

2006년 광섬유의 피복이 벗겨져 안에 있던 섬유가 찢기고 일부는 까마귀가 부리로 물고 갔다는 기사가 신문에 실렸다. 2005년 까마귀에 의한 피해는 광섬유망을 소유하고 있는 도쿄전력이 689건, NTT히가시니혼이 700건이었다. 까마귀가 노리는 장소는 통신주에서 가정용 회선으로 갈라지는 분배함 주변이다. 까마귀는 케이블의 강도를 알고 있는 것 같았다. 봄에 피해가 많아지는 것을 보면 둥지 재료로 이용하는 것일 수도 있다. 광섬유가 가느다란 섬유로 되어 있는 것을 눈치 채고, 둥지 만들기에 이용할 수 있다고 생각했을 것이다.

빌딩 옥상에 설치된 실외기의 단열재도 까마귀가 부리로 갉기에 좋은 재료다. 실외기는 공기를 차게 하여 안으로 보내기 때문에 파이프 주변의 실외 공기가 식어서 결로가 발생한다. 결로는 옥상에서 건물 내로 스며들기 때문

에 통상 바깥쪽의 파이프 주변을 단열재로 말고 실외 공기와의 접촉을 막는다. 그런데 단열재는 발포 스티로폼과 같은 것이어서 까마귀가 쪼기에 감촉이 좋은 것 같다. 실외기 파이프 단열재는 대부분 까마귀들이 쪼아서 너덜너덜해지는 경우가 많다. 대학교 옥상의 실외기 파이프 단열재도 너덜너덜해졌다. 3장에도 나왔지만 까마귀가 쫄 수 없는 단열재 커버를 전기 설비 회사랑 공동 연구한 적이 있다. 광섬유 피해도 업계에서는 꽤 중요한 문제다.

➡ 전기설비 회사가 새로운 소재의 단열재 커버를 만들었다는 소식이 있었는데 현재는 없어진 것으로 보인다._옮긴이

새차를 다시 공장으로 보내야 하는 이유

가끔 자동차 와이퍼 고무가 사라진다. 같은 주차장에 주차된 차 몇 대가 동시에 몇 번이나 피해를 봤다. 차를 노린 흉악 범죄로 경찰이 조사에 나섰지만 잠복수사를 해도 범인이 좀처럼 나타나지 않았다. 결국엔 방범 카메라를 설치하고 기다리자 까마귀가 자동차 보닛에 내려앉아 와이퍼 고무를 뽑아가는 모습이 카메라에 찍혔다.

자동차 회사도 이 사건과 비슷한 까마귀 장난에 골머리를 앓고 있다. 자동차 조립이 끝난 판매 직전의 새차는 더러워지지 않게 밀착 시트를 붙여 지붕 없는 넓은 곳에 둔다. 그런데 까마귀가 밀착 시트를 벗기고 도어 패킹의 고무를 긁고 쪼아서 망가트린다. 밀착 시트만 벗기는 것도 아니고 도어 패킹 고무를 망쳤으니 부품 교환을 위해 새차를 다시 공장으로 보내야 한다. 이는 돈도 들고 노동을 다시 해야 하니 꽤 손실이 크다. 자동차 회사도 해결책을 찾으려 찾아왔지만 유감스럽게도 묘안이 없다.

➡ 지금도 뚜렷한 대책 없이 자동차에 비닐 커버를 씌우고 있다._옮긴이

2 까마귀와 잘 지낼 수 있을까?

까마귀가 일으키는 문제는 많다. 앞서 특수한 사례를 소개했지만 이외에도 많은 문제가 있다. 까마귀가 집의 비누나 골프장의 골프공을 가져간 사건, 농작물 피해, 쓰레기장 쓰레기 파헤치기 등 일상에서 볼 수 있는 문제행동도 많다. 까마귀들은 사람과 가까이 있으면 먹을 것이 많고 둥지도 만들기 쉬워 생활하는 데 득이 된다는 것을 아는 것으로 보인다. 그러니 까마귀들이 다시 산으로 돌아가는 일은 없을 것이다. 까마귀와 잘 지내는 방향으로 생각을 바꿔야 한다. 까마귀와 잘 지낼 수 있는 방법이 있을까? 까마귀는 싫다는 감정만으로는 해결할 수 없다. 좋은 해결법을 찾아야 한다.

해충 잡는 까마귀

지금까지 사람들을 골 아프게 했으니 까마귀의 좋은 점을 찾아보자. 하지만 찾기 어렵다. 누군가 "까마귀의 좋은 점이 뭘까요?" 물으면 바로 답할 수 없을 정도다. 까마귀라고 하면 '문제 있음'이라는 고정관념이 생긴 듯하다. 하지만 냉정히 생각하면 까마귀가 하는 짓이 모두 유해하다고 할 수는 없다.

첫 번째로 까마귀는 해충을 퇴치해 준다. 특히 메뚜기의 이상발생을 막는다. 까마귀 식성을 보자. 밭이나 논에 해충이 나오는 시기에 까마귀 위를 조사해 보면 메뚜기 등이 나온다. 6~9월 농촌에서 까마귀가 토한 소화가 덜 된 내용물을 보면 80퍼센트가 곤충이다. 이처럼 까마귀는 유해 곤충을 퇴치한다. 까마귀의 행동 때문에 고충도 있지만 까마귀의 곤충 퇴치 덕분에 메뚜기의 이상발생을 막을 수 있다.

두 번째로 로드킬 당한 동물 사체를 깨끗하게 정리해 준다. 까마귀는 로드

청둥오리를 습격한 까마귀. 까마귀는 곡물을 먹는 참새, 쥐 등 유해조수의 억제에
도움이 된다. 까마귀는 음식물 쓰레기를 먹지 못하면 야생동물을 잡아 먹는다.

킬 당한 고양이나 개의 사체에 모여들어 먹고는 한다. 사체를 먹는 모습이 아름다운 장면은 아니지만 사체가 그대로 도로에서 부패해서 악취를 내는 것을 막아 준다. 때에 따라 사체를 사람 눈에 띄지 않게 다른 곳으로 옮기기도 하니 인간으로서는 고마울 수 있다.

세 번째로 곡물을 먹는 참새 둥지를 습격하고 새끼와 알을 먹기도 한다. 가끔은 들쥐도 까마귀의 먹이가 된다. 이처럼 까마귀의 존재는 일부 유해조수가 극단적으로 증가하지 않도록 억제하는 능력이 있다.

까마귀에게도 이런 좋은 점이 있지만 검고 커서 그런지 사람들에게 유익한 행동을 해도 미움을 받는다. 까마귀 처지에서 생각하면 조금 억울하다. 하기는 온몸이 검은 가마우지도 양식장의 물고기를 낚고 강가에서 은어를 잡아서 미움을 받는다. 반면 나가라강의 가마우지는 전통적인 방법으로 은어를 잡는 것으로 유명하다. 관광 명소가 되면서 사람들의 생활에 도움이 되는 익조로 여겨지기도 한다. 하지만 이 가마우지는 바다가마우지를 잡아서 조련한 것이다. 자연의 섭리대로 해충과 해조를 잡는 역할을 하는 까마귀는 가마우지처럼 사람들로부터 칭찬받지 못한다. 까마귀의 목이 조금 더 길었다면 인간은 까마귀를 가마우지처럼 조련했을 수도 있다. 하지만 가마우지처럼 조련된 까마귀는 생각만으로도 너무 비극적이다.

3 까마귀와 법

수렵의 대상 까마귀

1895년 제정된 수렵법을 전신으로 한 〈조수 보호 및 수렵에 관한 법률〉[다이쇼 7년(1918) 법률 32회]을 2002년에 전면 개정하여 현재의 명칭 〈조수 보호 및 관리, 수렵의 적정화에 관한 법률〉이 되었다. 법의 목적은 생물다양성의 확보, 생활 환경의 안전, 농림수산업의 건전한 발전이다. 큰부리까마귀와 까마귀*Corvus corone*는 이 법률로 수렵의 대상이 되었다(〈조수 보호 및 관리, 수렵의 적정화에 관한 법률 시행규칙〉 제3조). 따라서 수렵 금지 구역 이외의 곳에서 수렵 기간과 수렵 방법을 지킨 수렵은 허가를 받지 않아도 되며, 포획된 까마귀를 어떻게 할 것인지는 포획한 자의 자유다.

즉 까마귀를 먹는 것도 사육하는 것도 법적으로 규제되지 않는다. 반면 비非수렵 조수로 지정된 야생 조류는 관할 도도부현 지사로부터 사육등록을 받는 것이 의무화되었다(제19조).

까마귀를 수렵 기간 외에 포획하는 경우는 관할 지자체에 허가신청을 해야 한다(제9조 제1항). 어떤 경우에 허가를 받을 수 있는지는 지자체의 판단에 따라 다르지만, 수렵 기간 외에 사육을 목적으로 하는 포획은 현재 허가하지 않는다. 연구와 교육에 사용하는 경우는 '학술 포획'으로 포획지 관할 지자체에 신청한다(제9조 제1항). 우리 연구실은 덫을 설치하는 곳과 포획하는 곳에 대해 매년 지자체의 허락을 받는다.

이른 봄, 육아로 예민해진 까마귀가 사람을 습격하는 일이 가끔 있다. 이때도 둥지를 부수고 없애고 싶은 사람들이 있지만 허가가 필요하다. 둥지 안에 알과 새끼가 있으면 허가 없이 철거하는 것은 불가능하다. 전력회사 등은 둥지로 인한 송전 장해 방지를 위해 둥지를 철거하는 경우가 있지만 이런 경우도 예외는 아니다. 불법으로 철거하면 1년 이하의 징역 혹은 100만 엔(한화 약 930만 원) 이하 벌금의 무거운 처벌이 내려진다(제83조 제2항).

둥지를 철거하고 싶으면 관할 지자체에 허가 신청을 내야 한다. 정전의 가능성이 있어 까마귀 둥지에 신경을 곤두세우고 있는 전력회사도 알 혹은 새끼가 있는 경우는 먼저 신청을 한 뒤에 허가를 받는다. 까마귀에 의한 피해가 없다든가 혹은 향후 일어날 피해가 예상 불가한 경우에는 허가하지 않는다. 둥지를 철거하려면 가까운 지자체에 먼저 상담을 해야 한다. 이는 개인 정원에도 적용된다.

아픈 까마귀를 보호해도 될까?

아픈 야생 조수를 받아 주는 시설이 각 현에 있지만 비둘기나 까마귀를 대상에서 제외하는 지역도 있다. 다치거나 아픈 까마귀를 봤을 때 보호할지 혹은 그대로 둘지 판단하기 어렵다. 환경성의 지침에는 "자연에서 생과 사를 반복하는 생태계의 일원이어서 야생동물의 병도 자연에 두어 처리할 것"이라고 나와 있다. 하지만 수렵 조수에 대해서는 "자연의 규칙에 따라 다친 야생 조류는 그대로 두어야 하지만 그래도 보호해 주고 싶은 자가 있다면 그 생각을 존중해야 한다."라고 되어 있다.

둥지에서 떨어진 까마귀 새끼를 그대로 방치하면 개나 고양이에게 습격당

할 것 같아서 새끼를 구조하는 경우가 있다. 그런데 문제는 시간이 흐르면 구조한 새끼를 키우고 싶어진다. 정원에 까마귀 새끼가 왔는데 잘 날지 못해서 키우고 싶다는 상담 전화를 여러 번 받았다. 그러나 병도 없고 다치지도 않은 새끼는 포획 허가가 필요하다. 수렵 시기가 아니기 때문이다. 야생동물의 사육은 허가를 받을 수 없다. 멋대로 포획하여 사육하는 행동은 불법이며 1년 이하 징역 혹은 100만 엔(한화 약 930만 원) 이하 벌금이라는 처벌이 내려진다(제83조 제2항). 포획한 동물은 수렵 시기 외에는 허가를 받지 않고 포획한 수렵 야생 조수가 되어 지자체의 판단에 맡겨 처리된다(제10조). 그러나 조문에 '필요한 경우는'이라는 조건이 있어 현실적으로는 처분을 받는 일이 별로 없다. 보호하고 있는 다친 야생 조수는 반려동물이 아니어서 야생으로 보내겠다는 확인이 꼭 필요하다.

살처분을 하더라도 굶겨 죽이면 학대

〈동물 애호 및 관리에 관한 법률〉(〈동물애호관리법〉)은 "동물의 학대를 방지하고 생명을 소중히 하는 것(애호)"과 "키우는 동물로 인해 주위에 피해를 주지 않도록 사육할 것(관리)"이라는 2개의 목적으로 만든 법률이다. 개와 고양이에 한정하지 않고 인간이 사육 관리하는 가축과 실험동물 등 대부분의 동물이 이 법률의 적용 대상이다. 따라서 허가를 받고 사육하는 야생동물도 대상이 된다.

1973년에 제정된 이후 1999년, 2005년, 2012년으로 3번의 개정을 거쳤다. 야생동물이니 까마귀에 대해서도 포획 후 학대하거나 날 수 없는 상태 그대로 방조하는 등의 행동은 처벌의 대상이 된다. 허가를 받고 덫으로 포획하고 살처분을 하더라도 처분 전에는 물과 먹이를 주고 위생환경 등을 정리해 두어야 한다. 어차피 살처분할 까마귀라고 먹이도 안 주고 굶겨 죽이면 학대

행위로서 처분의 대상이 된다. 나도 포획 현장에 갔다가 처분할 거라고 학대 상태로 둔 까마귀를 보고 개선을 촉구한 적이 있다.[*]

4 까마귀 피해 대책

까마귀로부터 가축 지키기

인간과 까마귀의 충돌 문제는 농업 현장, 전력회사, 쓰레기장과 도심부에서의 소음 등 끝이 없다. 까마귀 피해 현장을 전부 살펴보지는 못하지만 일상성과 심각성 대책을 생각해야 한다. 까마귀를 완전히 없애는 것은 무리지만 까마귀로부터 가축을 지키기 위한 현실적인 대응책을 생각해 볼 수는 있다.

젖소를 공격할 때

까마귀가 소의 젖 주변 정맥과 유두를 쪼는 것을 방지하기 위해서 젖에 커버를 씌우는데 이것을 젖소 브래지어라고 한다. 매우 효과적이다. 분만한 소

소의 젖을 까마귀가 쪼는 것을 막는 젖소 브래지어. 환부는 수의사의 치료가 필요하다.

---

[*] 일본 법률은 관련 법안이 거의 바뀌지 않았다. 한국은 기후에너지환경부 〈수렵동물의 종류 지정〉 제2조 제2항에 까마귀, 갈까마귀, 떼까마귀가 수렵 동물로 지정되어 있다. 큰부리까마귀는 해당되지 않는다._옮긴이

의 피해 대책으로 후산(출산 뒤에 태반과 양막이 나오는 일)을 가능한 한 빠른 시기에 처리하고 까마귀가 피 맛을 못 보게 외음부 주변을 청결히 한다. 송아지 탯줄을 노릴 경우에는 탯줄을 몸통 커버로 싼다. 송아지 격리방 천장에 낚싯줄을 치거나 합판 등으로 가리면 송아지를 향한 공격을 어느 정도 막을 수 있다. 그리고 까진 상처를 그대로 방치해서는 안 된다. 까마귀가 상처를 쪼아 출혈사하거나 상처로 인한 패혈증으로 폐사되는 일도 있다. 신속하게 수의사 와 상담하고 상처를 빠르게 관리하는 것이 중요하다.

축사에 오지 못하게 하는 방법

까마귀는 축사에 들어갈 때 바로 들어가지 않고 창문에 내려앉아 내부 상황을 살핀 뒤 안으로 들어가는 경우가 많다. 창문과 부근에 낚싯줄을 치고, 출입구에 발을 달아 까마귀가 내부를 못 보게 하는 것이 효과적이다.

축사 침입을 막으려면 그물망을 쳐서 입구를 막는 것이 효과적이다.

낚싯줄을 사용한 우사 안과 밖의 대책. 장소에 따라 조건은 다르지만 까마귀가 머무는 장소에 낚싯줄을 치면 오는 것을 막을 수 있다.

까마귀가 축사에 들어와 자주 머무는 곳이 있다면 그곳에 낚싯줄을 치고, 축사 창문에 그물망을 치거나 출입구에 방충망이나 발을 설치한다.

봄에는 까마귀가 둥지 재료를 찾아다니기 때문에 축사에 있는 견인용 로프나 낡은 시트를 눈에 띄는 곳에 보관하면 안 된다. 한 번이라도 축사에서 맛있는 것을 먹었던 기억이 있으면 둥지 재료만이 아니라 먹이를 먹기 위해 오고, 먹이를 찾으러 왔다가 둥지 재료를 볼 수도 있다. 까마귀는 머리가 좋아서 식사를 하면서 그곳의 상황을 판단할 수 있다.

까마귀는 사람을 경계하기 때문에 우사에 라디오를 트는 것도 효과적이다. 옥외에 방치된 로프 등은 낚싯줄을 쳐서 보관하면 관리 면에서나 경비 면에서 효과적이다. 7장에서도 설명했지만 까마귀, 특히 큰부리까마귀는 축사를 아주 좋아한다.

농업 피해의 10퍼센트가 까마귀

까마귀로 인한 농사 피해는 연간 약 20억 엔(한화 약 185억 원)이다. 멧돼지,

사슴 등 조수 피해가 연간 200억 엔이니 까마귀 피해가 무려 10퍼센트를 차지한다. 새 중에서도 최고다. 잡식성이면서 육식과 과일도 좋아하는 큰부리까마귀와 곡물과 곤충을 좋아하는 까마귀*Corvus corone* 모두 사람들에게 꽤 미움을 받는다.

까마귀는 방금 밭에 뿌린 씨앗을 먹고, 잘 익은 옥수수와 수박 등도 파먹는다. 심은 지 얼마 되지 않은 모종을 엎어 버리는 피해도 있다.

물을 댄 논도 까마귀의 먹이 창고다. 이 시기 까마귀를 해부해 보면 위가 수생 곤충과 유충, 낟알로 가득하다. 낟알은 논에서 찾아낸 작년도 쌀일 것이다. 낟알을 찾으려고 모종도 엎어 버렸을 것이다.

까마귀*Corvus corone*를 해부했는데 유숙기(곡류가 성숙하는 과정의 초기 단계)의 보리가 위에 가득 차 있었던 적도 있다. 수박에 커다란 구멍을 내어 먹어 치운 것은 큰부리까마귀의 짓일 가능성이 크다. 예전에 돗토리현의 수박 밭에 큰부리까마귀가 와서 수박에 커다란 구멍을 내면서 먹고 있는 사진을 본 적이 있다. 아무튼 까마귀는 뭐든지 다 먹어 치운다.

밭과 논은 주변에 아무것도 없고 넓어서 어디에서든 까마귀가 날아올 수 있다. 아무것도 안 할 수는 없고 조금이라도 피해를 줄이려면 이 상황을 직시해야 한다.

까마귀는 색 감각이 우수해서 옥수수와 수박 등 농작물이 익는 것을 색의 변화로 알아채고 익을 때를 노린다. 까마귀 피해를 줄이려면 내 농작물은 내가 지킨다는 의지와 까마귀의 습성을 역으로 이용하는 방법이 필요하다.

낚싯줄과 그물망을 사용한 대책

낚싯줄은 가격도 저렴하고 줄을 치기만 하면 돼서 어느 장소에서나 비교적 쉽게 설치할 수 있다. 하늘을 나는 까마귀는 깃털이 생명이어서 깃털에 무언가 닿는 것을 싫어한다. 농업기구 중앙농업연구센터의 조수 피해 그룹이 소개한 낚싯줄을 치는 방법을 소개한다.

밭의 두 개 변(서로 마주 보는)에 1미터 간격으로, 나머지 두 개 변에는 5미터 간격으로 농업용 말뚝을 세운다. 세운 말뚝에서 5미터 건너편 말뚝까지 1미터 간격으로 낚싯줄을 친다. 이렇게 하면 까마귀가 위에서 밭으로 들어가는 것을 방지할 수 있다.

그러나 위를 막으면 까마귀는 옆으로 들어온다. 특히 까마귀는 걸어서 먹이를 찾아다니므로 옆면도 막는 것이 중요하다. 옆면은 지상에서 25센티미터 간격으로 낚싯줄을 4번 친다(25센티미터, 50센티미터, 75센티미터, 1미터). 성장하면서 키가 커지고 열매가 위쪽에 열리는 옥수수 같은 작물은 수확기의 열매를 지키기 위한 노력이 필요하다. 작물의 성장이 멈추면 열매 주변에 낚싯줄을 친다. 그것만으로도 까마귀에게 경계심을 줄 수 있다.

그물망도 과수원 등 대규모 공간을 덮는 방식이 효과적이다. 배의 산지인 도치기현의 농가는 대부분 대규모 방조망으로 배를 지킨다. 하지만 그물코가 부분 부분 떨어지면 그곳으로 까마귀가 들어가는 경우가 있다. 심지어 까마

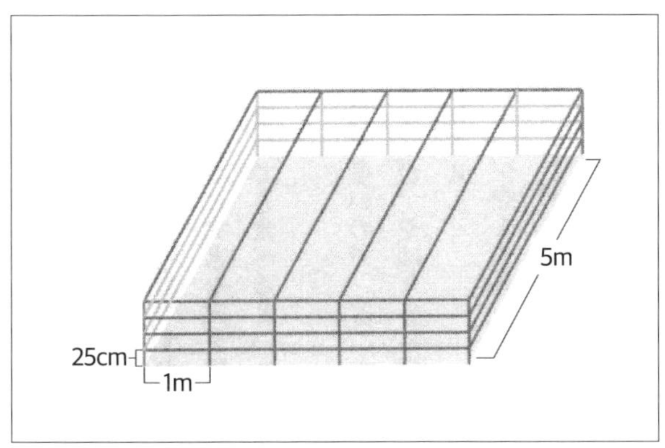

낚싯줄을 사용한 밭 대책. 위나 옆에서 오는 까마귀를 막을 수 있다.

작은 텃밭이라면 간이 프
레임을 짜서 그물망을 덮
는다.

귀가 그물망을 스스로 들어 올리고 들어온 사례도 있다. 따라서 그물망 주변
의 감시와 그물망 끝단에 추를 다는 등의 궁리가 필요하다.

가정의 작은 텃밭이라면 간이 그물망을 덮는 것도 좋은 방법이다. 깊이가
낮은 이랑에서 키우는 채소라면 반원통 형태의 프레임을 만들어 그물망을
덮는 방식도 있다. 이런 곳에 그물망을 친다면 작물과 그물망 사이에 15~20
센티미터 정도의 공간을 만들어야 한다.

허수아비는 움직여야 한다

농촌에서는 허수아비나 눈알 모양 풍선 등으로 까마귀를 막는다. 이는 옛
날부터 까마귀들을 밭으로 들어오지 못하게 해 온 기본 대책이다. 이 방법이
효과가 있는지 모르겠지만 오랫동안 많은 곳에서 사용했다. 아마도 아무것도
안 하는 것보다는 이렇게라도 하니 까마귀가 오지 않는다는 것을 농부들이

경험으로 알게 된 것이 아닐까 싶다. 아무것도 안 하고 있을 수는 없고 돈이 많이 들지 않는 방법으로 만들었을 것이다. 이 방법은 전국 어디에서나 사용된다.

까마귀는 주변 환경의 변화를 두려워하고 경계심이 강한 동물이어서 물건을 이용한 대책은 일시적으로 효과가 있다. 하지만 그대로 방치하면 효과가 사라진다. 허수아비로 효과를 보려면 2, 3일 간격으로 이동하는 것이 좋다. 걸어 다니는 허수아비가 되는 것이다. 2, 3일 간격으로 옷을 바꾸는 것도 좋다. 멋진 허수아비를 보고 까마귀도 업신여기지 않을 가능성이 있다. 그대로 두지 않고 움직이는 것이 중요하다. 그래야 까마귀들이 풍경으로 인식하지 않아 경계심을 갖는다.

수확 후 잔여물 관리가 중요하다

농작물 피해를 막으려면 수확 후 잔여물 관리도 잘해야 한다. 농업 현장에서 돈을 들여 대책을 마련하는 것보다 수확 후 잔여물 관리를 하는 것이 더 중요하다. 수확 후 잔여물은 까마귀를 유인하는 큰 요소다.

수확 후 잔여물은 사람에게는 필요하지 않지만 까마귀에게는 진수성찬이다. 한 번 맛을 보면 그 장소에 진수성찬이 있다는 흐름이 각인된다. 농산물 등을 밭에 그대로 방치하면 까마귀를 불러 까마귀에게 먹이를 주는 게 된다.

도시의 까마귀 문제

쓰레기 문제

도시의 까마귀 피해는 쓰레기 문제가 크다. 도시 쓰레기 대책은 농촌과 다르다. 지자체별로 쓰레기 수거 방침이 다르고 이렇다 할 묘안도 없다. 단 쓰레기 문제를 가장 크게 만드는 것은 사람이다.

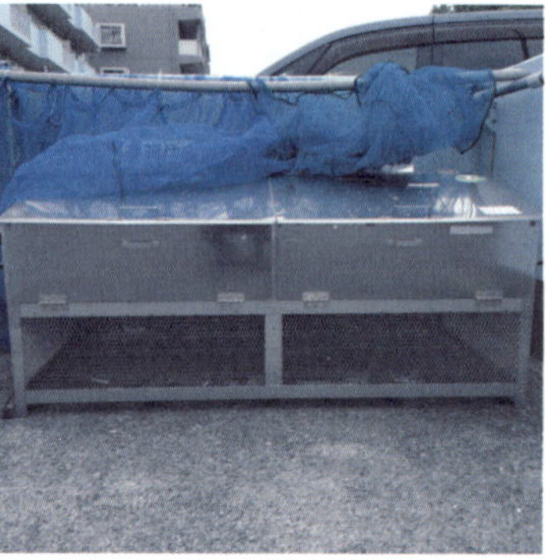

왼쪽은 쓰레기가 넘쳐 그물망으로 다 덮지 못한 상태. 이러면 그물망으로 덮는 이유가 사라진다. 오른쪽 사진처럼 쓰레기 버리는 곳에 문을 달면 까마귀의 침입을 막을 수 있다.

내놓는 시간을 지키지 않고 쓰레기 그물망을 마구 취급하는 등 여러 문제로 까마귀 문제가 일어난다. 그물망이 왜 있을까? 쓰레기양이 많아서 산처럼 쌓인 쓰레기봉투 위에 그물망이 어설프게 덮여 있으면 당연히 쓰레기를 방치하는 꼴이 된다. 따라서 쓰레기 배출 교육을 다시 하든지 수거 시스템 자체를 다시 생각해 보든지 장기적인 재정비가 필요하다.

쓰레기 배출 장소에 그물망 덮는 방법을 그림으로 알기 쉽게 표시하거나 가능한 곳이라면 간이 쓰레기 상자를 설치하는 것이 좋다. 내가 사는 곳은 그물망과 커다란 비닐 시트로 쓰레기봉투를 전부 덮고, 쓰레기봉투를 시트 밑으로 잘 넣는다. 어디나 규칙을 잘 지키는 사람도 있지만 그렇지 않은 사람도 있게 마련이다. 규칙을 잘 지킨다면 문제의 원천을 막을 수 있다.

까마귀에게 당하지 않으려면

봄에 까마귀에게 습격당하는 경우가 많다. 도시에서만 일어나는 문제가 아니지만 까마귀는 둥지를 주택 근처 나무나 공원, 학교에 있는 나무에 만들기 때문에 비교적 사람과의 접촉이 많은 곳에서 일어난다.

까마귀 새끼는 둥지에서 자주 떨어진다. 새끼 까마귀는 식욕이 왕성해서 점점 커지지만, 새끼에게 주어진 둥지 공간은 30센티미터 정도밖에 되지 않아 결코 충분한 공간이 아니다. 알에서 부화하고 20일이 지나면 새끼들은 좁은 둥지에서 서로 밀치고 밀고 하는 사이 운이 나쁜 새끼는 둥지에서 떨어진다.

떨어진 새끼는 풀 속이나 나무 사이에 숨고, 부모 까마귀는 이를 지켜본다. 이런 상황을 모르고 사람이 새끼 근처를 지나가면 부모 까마귀는 '우리 아기에게 가까이 가지 마!' 혹은 '아기가 위험해!'라고 갸~갸~ 울며 위협한다. 소리만으로 효과가 없다고 생각하면 위에서 급강하해서 사람을 발로 차기도 한다.

까마귀에게 당하면 먼저 머리를 손으로 감싸고 그 장소에서 빨리 벗어나야 한다. 급하게 도망치는 것도 좋지만 의연하게 아무 일 없다는 태도로 상대를 노려보면서 거리를 두는 것도 좋다. 이때 습격당하는 것을 무서워하기보다는 주변에 새끼가 있다는 것을 의식해야 한다. 그래서 일단 냉정하게 판단해 그곳을 벗어나야 한다.

집단 발생의 문제

역 앞이나 공원 등 사람들이 많이 모이는 장소에 까마귀가 대규모 잠자리를 만들면 소음과 분뇨로 피해를 보는 일이 많다. 까마귀 규모는 지역에 따라 다르지만 수천 마리에서 만 마리다. 그러니 문제 해결은 어렵고 이렇다 할 만한 답도 없다. 다만 무리가 커지기 전에 대응해야 한다.

상상해 보자. 없던 까마귀가 저녁이 되자 어디에서 몰려와 전선에 앉고, 한두 마리도 아닌 10마리라면 이런 상황이 문제의 시작일 수 있다.

이처럼 초기 단계에서 알아차리려면 관찰이 필요하다. 시민들이 협력해서

까마귀의 잠자리. 까마귀들이 역 앞이나 공원 등에 커다란 잠자리를 만들어 소음과 분뇨 피해를 입은 지방 도시가 많다.

까마귀 모니터링을 하는 것도 좋은 방법이다. 지자체에서 까마귀 밀집 등압선을 일기예보 지도처럼 만들면 보이는 것이 있을지도 모른다. 정년퇴직 한 사람이나 시민 활동가 등 시민들의 힘이 필요하다. 걷다가 까마귀 소집단을 본다면 평소 나지 않는 소리, 예를 들어 대나무 조각으로 데그럭데그럭 소리를 내는 것도 좋다. 여러 명이 까마귀가 앉아 있는 전선 밑에서 덜그럭덜그럭 소리를 내면 천하의 까마귀도 싫어한다. 도야마현 도나미시에서 주민들이 하나가 되어 이런 대응을 했는데 효과가 있었다.

지방 도시의 경우 사람들이 하나가 되어야 한다. 산책 시간 등을 이용해서 까마귀의 평소 움직임을 지속적으로 기록하여 까마귀 대책으로 연결되면 좋다. 또한 지자체에서 까마귀 지도를 작성하는 것도 좋다. 까마귀에 의한 소음과 분뇨 피해가 있는 장소를 지도에 표시해서 지자체 홍보지 등에 소개한다.

시민들이 지도를 작성하는 방법도 있다.

이제는 로봇과 드론, 인공지능으로

로봇이 대세다. 로봇이 청소도 하고 기업 로비에서 방문객에게 부드러운 목소리로 안내도 한다. 인공지능을 활용해서 여러 가지 일도 가능하다. 까마귀 대책에도 응용할 수 있을까? 상대는 우수한 두뇌의 소유자다. 까마귀를 상대로 이기려면 우수한 인공지능을 탑재한 까마귀 로봇이 필요하다.

까마귀는 3차원으로 행동하기 때문에 지상 대응만으로는 어렵다. 드론과 인공지능을 융합하면 어떨까? 전투기처럼 폭력적으로 까마귀를 쫓아내는 것이 아니라 공중에서 눈높이를 맞춘 후 까마귀어로 메시지를 보내는 것이다.

'가까이 오지 마', '침입 금지', '이곳은 위험해.'

매로 위장한 로봇도 효과적일 수 있다. 실제로 매를 이용한 까마귀 대책을 실험 중이기도 하다. 예산도 매사냥꾼의 수도 부족하니 모든 지역에서 지속적으로 하기는 어렵지만 로봇이라면 가능하지 않을까. 또 까마귀가 머무는 전선에 작은 모노레일 로봇을 달아 까마귀가 앉으면 로봇이 전선 위를 활주하며 쫓는 것도 가능할 것이다. 현재 까마귀연구실Crow Lab에서 까마귀 드론을 만들어서 시연을 하고 있다.

5 까마귀와 인간은 공존할 수 있을까?

대단한 대책은 없지만 끊임없는 도전이 중요하다

까마귀의 생물학적 특징, 뇌와 비행 등 생리적인 능력, 문제행동과 대책 등 여러 이야기를 나눴다. 까마귀에 대해 알면 알수록 까마귀와 공존하는 방법에는 많은 연구와 생각이 필요하다. 책을 거의 다 읽었는데 무슨 수를 써도 까마귀를 퇴치할 수 없다는 결론이라서 납득이 가지 않을 수도 있다. 까마귀를 어떻게 바라보면 좋을까?

까마귀 문제로 골치 아픈 독자라면 먼저 까마귀를 마주 보아야 한다. 귀여운 장식 등의 창의적인 까마귀 상품을 개발하고, 돌을 던지는 단순한 행동을 하거나, 첨단 공업 기술을 이용한 레이저를 적용해 보는 등 끊임없이 실행해 봐야 한다. 이런 대책들이 완벽할 수는 없지만, 이런 도전의 성과들이 모여 장기적으로는 까마귀 대책의 완성으로 이어질 것이다.

까마귀로 머리가 아픈 사람들이 매일 대책을 찾아 고민하다 보면 나도 모르게 삶이 충실해질 것이다. 매일 생각하다 보니 미운 정이 들고, 그러다 보니 미워하는 삶보다 나았다. 일례로 발명을 좋아하는 지인은 까마귀가 싫어하는 소리를 만들기 위해 소재를 열심히 찾고 있다. 이런 탐구심은 사람의 몸과 마음을 젊게 한다. 그러니 이것도 까마귀 덕분이다.

까마귀가 살던 곳에 어느 날 인간이 들어왔다

까마귀는 생태계의 훌륭한 일원이다. 까마귀 문제는 현대 사람들의 생활 방식의 결과로 생겨났다. 그러니 어느 정도 까마귀를 좋게 봐주어야 한다. 까마귀와 인간은 이미 공생하고 있다고 생각한다.

물론 쓰레기 파헤치기, 사람 공격 등의 문제는 남아 있다. 심각한 피해를 본 사람들도 있지만 이런저런 문제로 논란이 되는 것 자체가 인간 사회를 변화시킨다. 왜냐하면 논란이 생기면서 이에 대한 해결과 대안 등을 찾아 사람들이 해결하려고 노력하기 때문이다. 까마귀의 눈에 띄는 쓰레기 배출 방식을 사용하고 있으면서 쓰레기(먹이)를 먹어서는 안 된다고 비난하는 것은 인간의 이기심이다. 까마귀와의 공생은 거창한 주제이지만 우리들의 사고방식을 조금만 바꿔도 공생을 생활 속에서 간단히 실천할 수 있을 것이다.

까마귀가 오래전부터 살던 곳에 어느 날 사람이 들어왔다. 이 생각을 잊지 않았으면 좋겠다. 새로운 환경으로 이사를 할 때 우리는 주변에 폐가 되지 않도록 주의하며 생활한다. 까마귀와 우리의 관계도 다를 것이 없다.

농촌에서도 까마귀와 참새 문제가 많지만 도시에서의 대책과 소동에 비하면 덜한 편이다. 농촌 사람들에게는 어느 정도의 피해는 '자연에서 사니까'라는 마음으로, 자연과 함께 산다는 공생의 철학이 스며들어 있다고 생각한다. 어느 과수원 주인은 까마귀 전용으로 사과나무 한 그루를 준비했다고 자랑하기도 했다. "까마귀가 안 먹는 사과는 품질이 좋지 않아요."라고 하면서.

편리공생은 가능할까?

현재 가장 심각한 문제는 까마귀가 특정 장소에 과도하게 모이는 것이고, 그로 인해 사람에 대한 습격과 쓰레기 파헤치기 등이 이어지기 때문이다. 이 문제가 까마귀와 인간의 공생에 가장 중요한 핵심 사항이다.

까마귀와의 공생은 인간이 공생을 위해 노력하려는 겸허한 의식이 없으면 안 된다. 생물학적으로 공생은 이렇게 정의한다.

"두 종류의 생물이 밀접한 관계를 맺으면서 양쪽이 이익을 받거나 또는 한 쪽이 이익을 받지만 다른 쪽이 손해를 입지 않는 것."

적어도 까마귀는 사람들로부터 먹이 등을 얻기 때문에 사람이 까마귀로부터 해를 입지 않으면 공생은 성립된다. 그래서 해를 입지 않는 방법을 찾아야 한다. 까마귀 피해의 원인을 찾아보면 사람들이 원인을 제공하고 있음을 알 수 있다. 까마귀 숫자를 늘린 것은 사람이다. 사람이 불필요하게 버린 음식물 쓰레기가 큰 원인이다(일본은 음식물 쓰레기를 따로 버리지 않고 일반 쓰레기와 함께 버린다). 먼저 음식물 쓰레기 대책을 확실히 하는 것이 중요하다.

인간 중심으로 생각하지 않고 사람도 자연의 일부라고 인식하면 쓰레기 배출 방식도 바뀔 것이다. 까마귀 때문에 다소 성가시더라도 어쩔 수 없다는 각오가 있으면 된다. 생물학에는 공생의 종류가 여러 가지가 있다. 그중 편리공생commensalism이란 한쪽은 이익을 받고, 다른 쪽은 이익이나 해를 받지 않는 관계다. 까마귀는 이익을 얻고, 사람은 이익도 해도 받지 않는다면 편리공생이 가능하다. 하지만 콩고물이라는 이익을 얻으면서 사람에게 피해를 주면 편리공생이 아니다.

까마귀와 마주치는 날이 계속될 것은 틀림없다. 쓰레기 문제를 먼저 해결해야 한다. 까마귀 문제가 심각하지 않은 지자체는 본격적으로 대책을 세우지 않는다. 쓰레기 집하장에도 마트 봉지 그대로 버린 쓰레기가 많다. 당연히 아침이 되면 까마귀는 봉지로 모여든다. 이런 상황을 방치하면 까마귀가 기하급수적으로 증가하고, 알아차렸을 때는 이미 늦다.

도쿄는 까마귀가 3만 8,000마리까지 늘어 까마귀 문제가 표면화되었고, 그것을 약 만 마리로 되돌리기까지 10년 넘게 걸렸다. 2024년에 약 7,000마리로 조사되었다. 연간 3,000건 이상이던 까마귀 민원은 대폭 줄어 2016년에는 약 200건, 2024년에는 293건이었다(출처 도쿄도 환경국). 도쿄는 야간에 쓰레기를 수거했고, 23개 구 쓰레기 수거와 관리에 각 구가 연대(청소조합 운영)해서 까마귀 문제에 대응했다. 도쿄의 좋은 예가 각 지방 도시에 알려져 까마귀 문제가 일어나지 않도록 쓰레기 대책에 신속히 대응하기를 바란다. 일찍 대응하면 많은 세금을 들일 필요도 없고, 까마귀를 미워하는 사람도 적어질 것이다.

까마귀를 자연과 생태의 일원으로 보는 환경을 만드는 것이 가장 중요하다.

까마귀 책을 몇 권 출간했는데 이 책들이 출판되어 서점에 나오는 것이 어려웠다. 당시는 까마귀 연구를 시작한 지 5년 정도 밖에 되지 않아 데이터 축적은 물론 까마귀와 접촉한 경험이 적은 상태에서 집필한 것이어서 담은 내용에 한계가 있었다.

15년 정도가 지나고 다시 까마귀에 관한 글을 정리할 기회를 얻었다. 15년이 흘렀다고 쓸 내용이 15배 늘어난 것은 아니다. 15년 중 반은 교수로서 교육과 연구 이외에는 많은 시간을 쓸 수 없었다. 그래서 처음에는 새로운 정보 등을 더 잘 담을 수 있을지 주저했다. 그러나 출판사에서 몸의 구성 등 기본적인 것과 실험과 대책 등을 담는 것이 좋겠다는 제안을 해 주었고, 해부학과 생리학적 시점을 정리하면 가능하다고 생각했다.

결과적으로 까마귀에 관해서는 쓸 내용이 많다는 사실을 새삼 깨달았다. 이전보다 지식과 정보가 많이 늘었다. 몸의 구성에 대한 새로운 정보는 없지만 큰부리까마귀의 특징을 사람들에게 전달하는 게 중요하다는 생각에 즐겁게 쓸 수 있었다.

독자들이 까마귀라는 특수한 새의 해부학부터 새의 몸에 대하여 이해해 주면 좋겠다. 무엇보다 까마귀의 뇌와 부리는 꽤 발달된 까마귀 특유의 부위여서 재미있고 즐겁게 읽을 수 있을 것이다. 까마귀 대상의 인지과학과 인지 행동 연구가 많이 진행되고 있어서 새로운 정보와 지식을 소개할 수 있었던 것도 즐거웠다. 이 책에 소개된 까마귀 실험은 대부분 큰부리까마귀이지만 까마귀는 전 세계에 약 46종이 있다. 큰부리까마귀의 특징이 모든 까마귀에게 해당하는 것은 아니지만 이 책에 소개한 몇 가지 특징은 다른 까마귀에게도 공통된 면이 많다.

까마귀는 뇌가 발달한 동물이라 사람들 근처에 살면 '의식주'는 아니더라도 '식주'는 해결된다는 사실을 긴 시간 동안 배웠다. 까마귀가 사람들에게 다가간 것인지 사람들이 까마귀에게 다가간 것인지 확실치 않지만 양쪽의 접점이 늘어나 마찰이 생기고 있는 것은 확실하다. 우리는 까마귀를 마주 봐야 한다. 마지막까지 투쟁적으로 마주 볼 사악한 생물로 볼 것인지, 능력이 뛰어난 새인 까마귀의 행동과 흥미로운 습성에 미소를 지으면서 볼 것인지 정해야 한다.

이 책은 까마귀의 능력과 재미있는 행동을 소개하는 책은 아니다. 까마귀를 알고, 까마귀에 대하여 생각하고, 가까운 자연에 마음을 전하는 것처럼 이 책이 기대하고 의지하는 곳이 되었으면 하는 마음이다. 책을 읽고 까마귀에게 흥미를 느끼고 호의적이 될지, 까마귀 대책에 사용할지 모르지만 어느 쪽이든 기대하고 의지해도 좋다. 사람들 옆에 있는 검은 새에 흥미를 느끼고, 생물의 공존에 대해 다시 생각하고, 새의 몸짓을 관찰하는 즐거움을 얻는 데이 책이 도움이 되기를 바란다.

미도리책방 편집부의 시바야마 요시코, 이케다 도시유키에게 출판의 기회뿐 아니라 기획·구성에서 교열까지 처음부터 끝까지 도움을 받았다. 깊은 감사를 드린다. 이 책에 나온 내용은 대부분 연구실 학생들이 열심히 연구한 결과다. 대학에서의 연구는 교수와 학생이 함께해야 성과가 보인다. 연구실의 졸업생과 학생들에게 감사를 보낸다.

　번역을 하면서 오랜만에 일본 유학 시절의 추억에 잠겼다. 스기타 연구실에서 공부하던 시절 까마귀와 놀았던 일, 선후배와 바보짓 하면서 연구실 생활을 했던 일 등이 떠올랐다. 그때 이 연구를 했었지, 이거 누구 선배가 했던 연구인데 결과가 이랬구나, 에티오피아 친구가 한 이 연구 정말 획기적이었는데 역시 책에 넣었구나 등등. 동시에 함께했던 까마귀들, 카쨩, 낫쨩(안타깝게 물에 빠져 죽었다), 요시다 형제(극락과 지옥), 카코쨩 등이 눈에 선하다. 까마귀들을 돌보면서 좋은 기억도 있지만 부리로 발가락을 쪼이고 손가락이 찢어지는 등 그들의 무서움을 경험하기도 했다. 그럼에도 까마귀가 좋다고 하면 이상하려나? 까마귀 울음소리가 맑고 청아하게 들리고 주변에 까마귀가 보이면 반갑다. 블루베리도 까마귀 눈알 같아서 좋아한다. 어느덧 스기타 교수님처럼 까마귀 성애자가 되어 있는 나를 발견한다.

　본문에 까마귀는 비축행동을 한다는 내용이 나온다. 카쨩에게 먹이를 주고 나가려는데 카쨩이 먹이를 입에 잔뜩 넣더니 구석으로 갔다. 몰래 뒤를 따라가니 카쨩은 구석진 곳 파이프 아래 땅을 파더니 먹이를 숨기고 의기양양하게 걸어 나갔다. 어떻게 하나 싶어서 숨겨둔 먹이를 파헤쳐 흩뿌렸더니 날개를 퍼덕이면서 화를 내며 달려들었다. 놀라서 자리를 피했는데 문제는 그 이후였다(까마귀를 놀려서 이겼다고 친구들에게 자랑까지 했다). 다음 날 먹이를 주러 갔더니 발가락을 부리로 쪼기 시작했다. 부리가 날카로워 굉장히 아팠는데 일주일을 그렇게 시달렸다. 까마귀의 인지 능력 중 기억 유지에 관한 논문을 보면 까마귀는 1년을 기억한다고 나온다. 그런데 카짱은 일주일 만에 발가락 쪼기를 그만두었다. 관대한 카짱 덕분에 내 발가락이 무사했다. 감사의 인사를 전한다.

까마귀의 능력에 대한 이야기는 또 있다. 유치원 시절 나는 끈으로 리본 묶기와 풀기를 어려워했다. 그런데 까마귀는 한다. 연구실에서 먹이를 상자에 넣고 리본으로 예쁘게 묶어서 건네니 까마귀가 이리저리 살펴보더니 리본을 풀고 상자를 열어서 먹이를 먹었다. 사람이라면 당연히 할 수 있지만 리본을 풀려면 리본을 관찰해서 리본의 어디를 잡아당겨야 풀리는지 사고해야 한다. 사람도 어떻게 리본을 푸는지 사고가 필요하다. 까마귀도 그렇게 하고 행동한다. 까마귀는 유치원 때의 나보다 머리가 좋은 것 같다.

최근 한국도 까마귀로 인한 문제가 생기고 있다. 경기도 일대의 까마귀 떼

출몰이 대표적인 예다. 〈쓰레기봉투 헤집고 시민 공격〉이란 기사를 보았다. 결국 일본처럼 쓰레기봉투도 파헤치고 공격도 하는 큰부리까마귀도 나올 것이다. 이들과 우리는 앞으로 어떻게 하면 좋을까?

2022년 몬트리올에서 열린 생물다양성협약CBD 제15차 총회에서 쿤밍-몬트리올 글로벌 생물다양성 프레임워크K-M GBF가 확정되었다. K-M GBF는 국내 생물다양성 관련 정책에도 영향을 미치며, 이에 따라 2023년 12월에 제5차 국가생물다양성전략을 수립하였다. K-M GBF의 목표 중 네 번째 목표가 인간과 야생종 간의 충돌 최소화였다. 제5차 국가생물다양성전략에도 들어가 있는 만큼 우리나라도 인간과 야생종 간의 충돌 최소화를 고려해야 한다. 유해조수 지정 혹은 개체 수 조정, 서식지 보호 등 여러 가지를 생각해야 한다. 결론은 인간과 야생종의 공존이다. 말이 쉽지 어떻게 해야 할지는 쉽지 않다. 그렇다고 손을 놓고 있어서도 안 된다. 도덕책 같은 말이지만 까마귀의 특성을 이해하고 그들과 인간 양쪽의 삶을 크게 저해하지 않는 선에서의 조율이 필요하다.

마지막으로 원고를 봐주신 손금영 선생님, 의학용어 등을 감수해 주신 박지연 수의사님께 감사를 전한다. 그리고 출간을 허락하고, 긴 시간 동안 기다려주신 김보경 대표님께도 깊은 감사를 전한다.

귀뚜라미가 우는 서늘한 가을 어느 날
군산에서 이은옥

참고문헌

1장 전설과 신화

- 朝日芳英 監修, 《那智叢書復刻版》, 熊野那智大社, 2008年.
- 植島啓司ほか 著, 《熊野 神と仏》, 原書房, 2011年.
- 陰山慶一 著, 《海軍飛行科子備学生学徒出陳よもやま物語―学徒海鷲戦陳物語》, 光人社, 2001年.
- 大林太良ほか 編, 《世界神話事典》, 角川書店, 1994年.
- 唐沢孝一ほか 著, からすフォーラム編集員会 編, 《鳥の本: 神の使いか悪魔の手先か》, 烏山商工会むらおこし事業実行委員会, 1994年.
- 川村たかし 編, 篠崎三朗 画, 《銀河鉄道からす座特急》, ポプラ社, 1995年.
- 坂本太郎著, 《日本書紀 上(日本古典文学大系 67)》, 岩波書店, 1967年.
- 関根正雄 訳, 《旧約聖書 創世記》, 岩波書店, 1956年.
- 中村彰太郎 著, 《日と月と星と 天の巻―金烏は神さまのお使い―》, A&K企画者, 2004年.
- 野口不二子 著, 《郷愁と童心の詩人 野口雨情伝》, 講談社, 2017年.
- 萩原法子, 〈天地に吉祥を願う3本足のカラス神事―ヤタガラスとよみがえりの信仰〉(《野鳥》761号), 日本野鳥の会, 2012年.
- 樋口広芳・森下英美子 著, 《カラス、どこが悪い!?》, 小学館, 2000年.
- 舟崎克彦 著, 黒井健 画, 《からすのカラッポ》, ひさかたチャイルド, 1991年.
- 枡田隆宏, 〈英米文学鳥類考: カラスについて〉(《高知大学学術研究報告》45巻), 高知大学, 1996年.
- 松谷みよ子 著, 《ぼうさまになったからす》, 偕成社, 1983年.
- 源順 編, 《倭名類聚鈔(天文部)》, 931~938年.
- 宮沢賢治 著, 谷川徹三 編, 《童話集 風の又三郎 他十八篇》, 岩波書店, 1967年.
- 柳田國男 著, 谷川徹三 編, 《遠野物語》, 大和書房, 1974年.
- 劉安 編, 戸川芳郎ほか 訳, 《淮南子: 説苑(抄) 中国古典文学大系(6)》, 平凡社, 1974年.
- 魯迅 著, 竹内好 訳, 《故事新編》, 岩波書店, 1979年.
- 魯迅 著, 竹内好 訳, 《魯迅文集〈第二巻〉》, 筑摩書房, 1976年.
- 일연, 김원중 옮김, 《삼국유사》, 민음사, 2024년.

2장 똑똑한 불사조

- 青山真人ほか, 〈関東地方におけるハシブトガラス*Corvus macrorhynchos*の生殖腺の季節変動〉 《日本鳥学会誌》56巻2号), 2007年.
- 浦田明夫, 〈対馬の鳥類雑記その3〉, 《長崎県生物学会誌》27巻》, 1984年。
- 後藤三千代 著, 《カラスと人の巣づくり協定》, 築地書館, 2017年.
- コンラート・ローレンツ 著, 日高敏隆 訳, 《ソロモンの指環―動物行動学入門》, 早川書房, 1998年.
- 柴田佳秀 著, 《わたしのカラス研究》, さえら書房, 2006年.
- バーンド・ハインリッチ 著, 渡辺政隆 訳, 《ワタリガラスの謎》, どうぶつ社, 1995年.
- フランス・ドゥ・ガァール 著, 松澤哲夫 監訳, 柴田裕之 訳, 《動物の賢さがわかるほど人間は賢いのか》, 紀伊国屋書店, 2017年.
- 玉田克巳, 〈北海道東部地域におけるワタリガラスの越冬状況〉《日本鳥学会誌》57巻1号), 2008年.
- 本川達雄 著, 《ゾウの時間 ネズミの時間―サイズの生物学》, 中央公論社, 1992年.
- 松原始 著, 《カラスの教科書》, 雷鳥社, 2013年.
- 宮崎学 著, 《カラスのお宅拝見!》, 新樹社, 2009年.
- 吉原正人, 《都心に高密度で生育するハシブトガラス個体群の生態および身体的特徴に関する研究》(東京農工大学連合連合農学研究科研究科博士論文), 2017年.
- Candace Savage, *Bird Brains Intelligence of Crows, Ravens, Magpies and Jays*, Greystone Books, 1997.
- Islam, M. N. et al., "Histological and morphological analysis of seasonal testicular variations in the Jungle Crow(*Corvus macrorhynchos*)," *Anat Sci Inter*, 85: 121~129, 2010.
- 環境省, 〈自治体担当者のためのカラス対策マニュアル〉, 2001年, https://www.env.go.jp/nature/choju/docs/docs5-1b/index.html
- 김남일·김대환·박운남·박지환·박헌우·정진문·최순규, 《형태로 찾아보는 우리 새 도감》, 지성사, 2013년.

3장 까마귀의 몸

- 内田享 著, 《動物系統分類学 第10巻 上》, 中川書店, 1962年.
- 加藤嘉太郎 著, 《家畜比較解剖図説 上巻》, 養賢堂, 1979年.
- 鎌田直樹ら, 〈ハシブトガラスとハシボソガラスにおける最大突刺力と最大引張力〉《日本鳥学会誌》60巻2号), 2011年.
- 神谷敏郎 著, 《骨の動物誌》, 東京大学出版会, 1995年.
- ブライト・マイケル 著, 丸武志 訳, 《鳥の生活》, 平凡社, 1997年.
- Lee et al., "Microstructure of the feather in Japanese Jungle Crows(*Corvus macrorhynchos*) with distinguishing gender difference," *Anat Sci Int*, 84: 141~147, 2009.
- Lee et al., "Feather microstructure of the Black-billed magpie(*Pica pica seicea*) and Jungle Crow(*Corvus macrorhynchos*)," J Vet Med, 72: 1047~1050, 2010.

4장 까마귀의 지혜

- コリン・タッジ 著, 黒沢令子 訳, 《鳥 優美と神秘, 鳥類の多様な形態と習性》, シーエムシー, 2012年.

- パメラ・S・ターナー 著, 杉田昭栄 監訳, 須部宗生 訳,《道具を使うカラスの物語 生物界随一の頭脳をもつ鳥 カレドニアガラス》, 緑書房, 2018年.
- 藤田和生 著,《比較認知科学(放送大学教材)》, 放送大学教育振興会, 2017年.
- 渡辺茂 著,《鳥脳力—小さな頭に秘められた驚異の能力—》, 化学同人, 2010年.
- Bogale, B. A. et al., "Quantity discrimination in jungle crows, *Corvus macrorhynchos*," *Anim Behav*, 82: 635~641, 2011.
- Bogale, B. A. et al., "Long-term memory of color stimuli in the jungle crow (*Corvus macrorhynchos*)," *Anim Cogn*, 15: 285~291, 2012.
- Heather, N. et al., "Social learning spreads knowledge about dangerous humans among American crows," *Proc Biol Sci*, 279: 499~508, 2012.
- Marzluff, J. M. et al., "Lasting recognition of the eatening people by wild American crows," *Anim Behav*, 79: 699~707, 2010.
- Massen, J. M. et al., "Ravens notice dominance reversals among donspecific within and outside their social group," *Nature Communications*, 5: 1~11, 2014.
- Osvath, M. and Kabadayi, "Ravens parallel great apes in flexible planning for tool-use and bartering," *Science*, 357: 202~204, 2017.
- Reiner, A. et al., "Revised nomenclature for avian telencephalon andsome related brainstem nuclei," *J Comp Neurol*, 473: 377~414, 2004.
- Rutz, C. et al., "Discovery of species-wide tool use in hawaiian crow," *Nature*, 537: 403~407, 2016.

5장 까마귀의 오감

- 塚原直樹ほか, 〈ハシブトガラスにおける各種光波長に対する学習成立速度の検討〉(*Animal Behavior and Manegement*, 48), 2012年.
- ティム・バークヘッド 著, 沼尻由起子 訳,《鳥たちの驚異的な感覚世界》, 河出書房新社, 2013年.
- 刘 利ら, 〈ハシブトガラス*Corvus macrorhynchos*の舌表面に見られる微細構造〉(《日本鳥学会誌》第61巻1号), 2012年.
- 文利, 杉田昭栄, 〈ハシブトガラスにおける味蕾の形態とその分布について〉(日本鳥学会誌, 第62巻1号), 2013年.
- フランク・B・ギル 著, 山階鳥類研究所 訳(山岸哲 監修),《鳥類学》, 新樹社, 2009年.
- 山本隆著,《脳と味覚—おいしく味わう脳のしくみ》(ブレインサイエンス・シリーズ18), 共立出版, 1996年.
- Matsui, H. et al., "Adaptive bill morphology for enhanced tool manipulation in new Caledonian crows," *Scientific Report*, 6: 22776, 2016.
- Rahaman, M. L. et al., "Number, distribution and size if retinal ganglion cells in the jungle crow(*Corvus macrorhynchos*)," *Anat Sci Int*, 81: 253~259, 2006.
- Rahaman, M. L. et al., "Topography of retinal photoreceptor cell in the jungle crow(*Corvus macrorhynchos*) within emphasis on the distribution of oil droplets," *Ornithological Science*, 6: 21~27, 2007.

6장 까마귀의 울음소리

- 塚原直樹ら, 〈ハシブトガラス*Corvus macrorhynchos*における鳴き声および発声器官の性差〉(《日

本鳥学会誌》第55巻 1号), 2006年.
- 塚原直樹ら, 〈ハシボソガラス(*Corvus corone*)とハシブトガラス(*Corvus macrorhynchos*)における鳴き声の違いと鳴管の形態的差異の関連〉(《日本解剖学会誌》第82巻), 2007年.
- 塚原直樹ら, 〈ハシボソガラス*Corvus corone*とハシブトガラス*Corvus macrorhynchos*の鳴き声と発声器官の相異〉(《日本鳥学会誌》第56巻2号), 2007年.
- 塚原直樹, 〈ハシブトガラスの発声に関する研究：鳴き声の音響学的解析, 発生器官とその神経支配の機能形態学的解析〉(博士論文), 2008年.
- バーンド・ハインリッチ 著, 渡辺政隆 訳,《ワタリガラスの謎》, どうぶつ社, 1995年.
- Tsukahara N. et al., "The structure of syringeal muscles in jungle crow (*Corvus macrorhynchos*)," *Int Anat Sci*, 83: 152~158, 2008.
- Ethologic languages in the world. https://www.ethnologue.com/

7장 까마귀의 비행 능력

- 唐沢孝一 著,《カラスはどれほど賢いか―都市鳥の適応戦略》, 中央公論社, 1988年.
- 国立科学博物館附属自然教育園,《都市に生息するカラス類と人間との共存の方策の研究：調査報告(平成14年度報告)》, 2003年.
- 国立科学博物館附属自然教育園,《都市に生息するカラス類と人間との共存の方策の研究：調査報告(平成12年度~15年度報告)》, 2004年.
- コリン・タッジ 著, 黒沢令子 訳,《鳥 優美と神秘, 鳥類の多様な形態と習性》, シーエムシー, 2012年.
- ソーア・ハンソン 著, 黒沢令子 訳,《羽―進化が生みだした自然の奇跡―》, 白揚社, 2013年.
- 竹田努ら, 〈ハシブトガラス*Corvus macrorhynchos*の移動距離と家畜農場への飛来の季節的変動〉(《日本畜産学会報》86巻2号), 2015年.
- 塚原直樹,《本当に美味しいカラス料理の本》, GH, 2017年.
- 野上宏 著,《小鳥 飛翔の科学》, 築地書館, 2017年.
- ヘンク・テネケス 著, 高橋健次 訳,《鳥と飛行機どこがちがうか―飛行の科学入門》, 草思社, 2000年.

8장 까마귀와 인간

- 杉田昭栄 著,《カラスとかしこく付き合う法》, 草思社, 2002年.
- 杉田昭栄 著,《カラス なぜ遊ぶ》, 集英社, 2004年.
- 杉田昭栄 著,《カラス おもしろ生態とかしこい防ぎ方》, 農山漁村文化協会, 2004年.
- 樋口広芳, 黒沢令子 編著,《カラスの自然史―系統から遊び行動まで―》, 北海道大学出版会, 2010年.
- 松田道生 著,《カラス, なぜ襲う―都市に棲む野生》, 河出書房新社, 2000年.
- 農業・食品産業技術総合研究機構中央農業研究センター鳥獣管理グループHP, http://naro.affrc.go.jp/
- 環境省, 〈鳥獣の保護及び管理並びに狩猟の適正化に関する法律〉, 2002年, https://www.env.go.jp/nature/choju/law/pdf/H26_hogohou.pdf
- 環境省, 〈鳥獣の保護及び管理並びに狩猟の適正化に関する法律施行規則〉, 2002年, https://www.env.go.jp/nature/choju/law/pdf/H26_kisoku.pdf
- 環境省, 〈動物の愛護及び管理に関する法律〉, 1973年, https://www.env.go.jp/nature/dobutsu/aigo/2_data/laws/nt_r010619_39_2.pdf

책공장더불어의 책

숲에서 태어나 길 위에 서다 (환경정의 올해의 청소년 환경책, 환경부 환경도서 출판 지원사업 선정)

한 해에 로드킬로 죽는 야생동물 200만 마리. 인간과 야생동물이 공존할 수 있는 방법을 찾는 현장 과학자의 야생동물 로드킬에 대한 기록.

야생동물병원 24시 (어린이도서연구회에서 뽑은 어린이·청소년 책, 한국출판문화산업진흥원 청소년 북토큰 도서)

로드킬 당한 삵, 밀렵꾼의 총에 맞은 독수리, 건강을 되찾아 자연으로 돌아가는 너구리 등 대한민국 야생동물이 사람과 부대끼며 살아가는 슬프고도 아름다운 이야기.

동물원 동물은 행복할까?

(환경부 선정 우수환경도서, 학교도서관저널 추천도서)

동물원 북극곰은 야생에서 필요한 공간보다 100만 배, 코끼리는 1,000배 작은 공간에 갇혀 살고 있다. 야생동물보호운동 활동가인 저자가 기록한 동물원에 갇힌 야생동물의 참혹한 삶.

동물 쇼의 웃음 쇼 동물의 눈물

(한국출판문화산업진흥원 청소년 권장도서, 한국출판문화산업진흥원 청소년 북토큰 도서)

동물 서커스와 전시, TV와 영화 속 동물 연기자, 투우, 투견, 경마 등 동물을 이용해서 돈을 버는 오락산업 속 고통받는 동물들의 숨겨진 진실을 밝힌다.

고통받은 동물들의 평생 안식처 동물보호구역

(환경부 선정 우수환경도서, 환경정의 올해의 어린이 환경책, 한국어린이교육문화연구원 으뜸책)

고통받다가 구조되었지만 오갈 데 없었던 야생동물의 평생 보금자리. 저자와 함께 전 세계 동물보호구역을 다니면서 행복하게 살고 있는 동물을 만난다.

동물복지 수의사의 동물 따라 세계 여행

(환경정의 올해의 청소년 환경책, 한국출판문화산업진흥원 중소출판사 우수콘텐츠 제작지원 선정, 학교도서관저널 추천도서)

동물원에서 일하던 수의사가 동물원을 나와 세계 19개국 178곳의 동물원, 동물보호구역을 다니며 동물원의 존재 이유에 대해 묻는다. 동물에게 윤리적인 여행이란 어떤 것일까?

고등학생의 국내 동물원 평가 보고서

(환경부 선정 우수환경도서)

인간이 만든 '도시의 야생동물 서식지' 동물원에서는 무슨 일이 일어나고 있나? 국내 9개 주요 동물원이 종보전, 동물복지 등 현대 동물원의 역할을 제대로 하고 있는지 평가했다.

사향고양이의 눈물을 마시다

(한국출판문화산업진흥원 우수출판 콘텐츠 제작지원 선정, 환경부 선정 우수환경도서, 학교도서관저널 추천도서, 국립중앙도서관 사서가 추천하는 휴가철에 읽기 좋은 책, 환경정의 올해의 환경책)

내가 마신 커피 때문에 인도네시아 사향고양이가 고통받는다고? 내 선택이 세계 동물에게 미치는 영향, 동물을 죽이는 것이 아니라 살리는 선택에 대해 알아본다.

채식하는 사자 리틀타이크

(아침독서 추천도서, 교육방송 EBS 〈지식채널e〉 방영)

육식동물인 사자 리틀타이크는 평생 피 냄새와 고기를 거부하고 채식 사자로 살며 개, 고양이, 양 등과 평화롭게 살았다. 종의 본능을 거부한 채식 사자의 9년간의 아름다운 삶의 기록.

인간과 동물, 유대와 배신의 탄생

(환경부 선정 우수환경도서, 환경정의 선정 올해의 환경책)

미국 최대의 동물보호단체 휴메인소사이어티 대표가 쓴 21세기 동물해방의 새로운 지침서. 농장동물, 산업화된 반려동물 산업, 실험동물, 야생동물 복원에 대한 허위 등 현대의 모든 동물학대에 대해 다루고 있다.

후쿠시마에 남겨진 동물들

(미래창조과학부 선정 우수과학도서, 환경부 선정 우수환경도서, 환경정의 청소년 환경책)

2011년 3월 11일, 대지진에 이은 원전 폭발로 사람들이 떠난 일본 후쿠시마. 다큐멘터리 사진 작가가 담은 '죽음의 땅'에 남겨진 동물들의 슬픈 기록.

후쿠시마의 고양이 (한국어린이교육문화연구원 으뜸책)

동일본 대지진 이후 5년. 사람이 사라진 후쿠시마에서 살처분 명령이 내려진 동물을 죽이지 않고 돌보고 있는 사람과 함께 사는 두 고양이의 모습을 담은 사진집.

똥으로 종이를 만드는 코끼리 아저씨
(환경부 선정 우수환경도서, 한국출판문화산업진흥원 청소년 권장도서, 서울시교육청 어린이도서관 여름방학 권장도서, 한국출판문화산업진흥원 청소년 북토크 도서)
코끼리 똥으로 만든 재생종이 책. 코끼리 똥으로 종이와 책을 만들면서 사람과 코끼리가 평화롭게 살게 된 이야기를 코끼리 똥 종이에 그려냈다.

동물들의 인간 심판 (대한출판문화협회 올해의 청소년 교양도서, 세종도서 교양 부문, 환경정의 청소년 환경책, 아침독서 청소년 추천도서, 학교도서관저널 추천도서)
동물을 학대하고, 학살하는 범죄를 저지른 인간이 동물 법정에 선다. 고양이, 돼지, 소 등은 인간의 범죄를 증언하고 개는 인간을 변호한다. 이 기묘한 재판의 결과는?

물범 사냥 (노르웨이국제문학협회 번역 지원 선정)
북극해로 떠나는 물범 사냥 어선에 감독관으로 승선한 마리는 낯선 남자들과 6주를 보내야 한다. 남성과 여성, 인간과 동물, 세상이 평등하다고 믿는 사람들에게 펼쳐 보이는 세상.

동물노동
인간이 농장동물, 실험동물 등 거의 모든 동물을 착취하면서 사는 세상에서 동물노동에 대해 묻는 책. 동물을 노동자로 인정하면 그들의 지위가 향상될까?

실험 쥐 구름과 별
동물실험 후 안락사 직전의 실험 쥐 20마리가 구조되었다. 일반인에게 입양된 후 평범하고 행복한 시간을 보낸 그들의 삶을 기록했다.

수술 실습견 쿵쿵따
수술 경험이 필요한 수의사들을 위해 수술대에 올랐던 개 쿵쿵따. 8년을 수술 실습견으로, 10년을 행복한 반려견으로 산 이야기.

다정한 사신
일러스트레이터 제니 진야가 그려낸 고통받은 동물들을 새로운 삶의 공간으로 안내하는 위로의 그래픽 노블.

개.똥.승. (세종도서 문학 부문)
어린이집의 교사면서 백구 세 마리와 사는 스님이 지구에서 다른 생명체와 더불어 좋은 삶을 사는 방법, 모든 생명이 똑같이 소중하다는 진리를 유쾌하게 들려준다.

개·고양이 자연주의 육아백과
세계적인 홀리스틱 수의사 피케른의 개와 고양이를 위한 자연주의 육아백과. 50만 부 이상 팔린 베스트셀러로 반려인, 수의사의 필독서. 최상의 식단, 올바른 생활습관, 암, 신장염, 피부병 등 각종 병에 대한 대처법도 자세히 수록되어 있다.

개 질병의 모든 것
40년간 4번의 개정판을 낸 개 질병 책의 바이블. 개가 건강할 때, 이상 증상을 보일 때, 아플 때 등 모든 순간 곁에 두고 봐야 할 책이다.

고양이 질병의 모든 것
40년간 3번의 개정판을 낸 고양이 질병 책의 바이블. 고양이가 건강할 때, 이상 증상을 보일 때, 아플 때 등 모든 순간에 곁에 두고 봐야 할 책이다. 질병의 예방과 관리, 증상과 징후, 치료법에 대한 모든 해답을 완벽하게 찾을 수 있다.

우리 아이가 아파요! 개·고양이 필수 건강 백과
새로운 예방접종 스케줄부터 우리나라 사정에 맞는 나이대별 흔한 질병의 증상·예방·치료·관리법, 나이 든 개, 고양이 돌보기까지 반려동물을 건강하게 키울 수 있는 필수 건강백서.

개, 고양이 사료의 진실
미국에서 스테디셀러를 기록하고 있는 책으로 2007년 멜라민 사료 파동 등 반려동물 사료에 대한 알려지지 않은 진실을 폭로한다.

개 피부병의 모든 것
홀리스틱 수의사인 저자는 상업사료의 열악한 영양과 과도한 약물 사용을 피부병 증가의 원인으로 꼽는다. 제대로 된 피부병 예방법과 치료법을 제시한다.

개와 함께 살아남기! 재난 대비 생존북
전 세계가 수해와 화재, 지진 등 재난의 시대에 놓였다. 개와 함께 살아남기 위해 특별한 대비법과 행동 요령을 알아본다.

개가 행복해지는 긍정교육
개의 심리와 행동학을 바탕으로 한 긍정교육법으로 50만 부 이상 판매된 반려인의 필독서. 짖기, 물기, 대소변 가리기, 분리불안 등의 문제를 평화롭게 해결한다.

노견은 영원히 산다
퓰리처상을 수상한 글 작가와 사진 작가가 나이 든 개를 위해 만든 사진 에세이. 저마다 생애 최고의 마지막 나날을 보내는 노견들에게 보내는 찬사.

순종 개, 품종 고양이가 좋아요?
사람들은 예쁘고 귀여운 외모의 품종 개, 고양이를 선호하지만 품종 동물은 700개에 달하는 유전 질환으로 고통 받는다. 많은 품종 개와 고양이가 왜 질병과 고통에 시달리다가 일찍 죽는지, 건강한 반려동물을 입양하려면 어찌해야 하는지 동물복지 수의사가 알려준다.

유기견 입양 교과서
보호소에 입소한 유기견은 안락사와 입양이라는 생사의 갈림길 앞에 선다. 이들에게 입양이라는 선물을 주기 위해 활동가, 봉사자, 임보자가 어떻게 교육하고 어떤 노력을 해야 하는지 차근차근 알려준다.

임신하면 왜 개, 고양이를 버릴까?
임신, 출산으로 반려동물을 버리는 나라는 한국이 유일하다. 세대 간 문화충돌, 무책임한 언론 등 임신, 육아로 반려동물을 버리는 사회현상에 대한 분석과 안전하게 임신, 육아 기간을 보내는 생활법을 소개한다.

버려진 개들의 언덕 (학교도서관저널 추천도서)
인간에 의해 버려져서 동네 언덕에서 살게 된 개들의 이야기. 새끼를 낳아 키우고, 사람들에게 학대를 당하고, 유기견 추격대에 쫓기면서도 치열하게 살아가는 생명들의 2년간의 관찰기.

유기동물에 관한 슬픈 보고서 (환경부 선정 우수환경도서, 어린이도서연구회에서 뽑은 어린이·청소년 책, 한국간행물윤리위원회 좋은 책, 어린이문화진흥회 좋은 어린이책)
동물보호소에서 안락사를 기다리는 유기견, 유기묘의 모습을 사진으로 담았다. 인간에게 버려져 죽임을 당하는 그들의 모습을 통해 인간이 애써 외면하는 불편한 진실을 고발한다.

치료견 치로리 (어린이문화진흥회 좋은 어린이책)
비 오는 날 쓰레기장에 버려진 잡종 개 치로리. 죽음 직전 구조된 치로리는 치료견이 되어 전신마비 환자를 일으키고, 은둔형 외톨이 소년을 치료하는 등 기적을 일으킨다.

사람을 돕는 개
(한국어린이교육문화연구원 으뜸책, 학교도서관저널 추천도서)
안내견, 청각장애인 도우미견 등 장애인을 돕는 도우미견과 인명구조견, 흰개미탐지견, 검역견 등 사람과 함께 맡은 역할을 해내는 특수견을 만나본다.

용산 개 방실이 (어린이도서연구회에서 뽑은 어린이·청소년 책, 평화박물관 평화책)
용산에도 반려견을 키우며 일상을 살아가던 이웃이 살고 있었다. 용산 참사로 갑자기 아빠가 떠난 뒤 24일간 음식을 거부하고 스스로 아빠를 따라간 반려견 방실이 이야기.

장애견 모리 (한국출판문화산업진흥원 중소출판사 우수콘텐츠 제작지원 선정, 학교도서관저널 이달의 책)
21살의 수의대생이 다리 셋인 장애견을 입양한 후 약자에 배려없는 세상을 마주한다.

개에게 인간은 친구일까?
인간에 의해 버려지고 착취당하고 고통받는 우리가 몰랐던 개 이야기. 다양한 방법으로 개를 구조하고 보살피는 사람들의 아름다운 이야기가 그려진다.

동물과 이야기하는 여자
SBS 〈TV 동물농장〉에 출연해 화제가 되었던 애니멀 커뮤니케이터 리디아 히비가 20년간 동물들과 나눈 감동의 이야기. 병으로 고통받는 개, 안락사를 원하는 고양이 등과 대화를 통해 문제를 해결한다.

우주식당에서 만나 (한국어린이교육문화연구원 으뜸책)
2010년 볼로냐 어린이도서전에서 올해의 일러스트레이터로 선정되었던 신현아 작가가 반려동물과 함께 사는 이야기를 네 편의 작품으로 묶었다.

펫로스 반려동물의 죽음 (아마존닷컴 올해의 책)
동물 호스피스 활동가 리타 레이놀즈가 들려주는 반려동물의 죽음과 무지개다리 너머의 이야기. 펫로스(pet loss)란 반려동물을 잃은 반려인의 깊은 슬픔을 말한다.

강아지 천국
반려견과 이별한 이들을 위한 그림책. 들판을 뛰놀다가 맛있는 것을 먹고 잠들 수 있는 곳에서 행복하게 지내다가 천국의 문 앞에서 사람 가족이 오기를 기다리는 무지개다리 너머 반려견의 이야기.

고양이 천국 (어린이도서연구회에서 뽑은 어린이·청소년 책)
고양이와 이별한 이들을 위한 그림책. 실컷 놀고, 먹고, 자고 싶은 곳에서 잘 수 있는 곳. 그러다가 함께 살던 가족이 그리울 때면 잠시 다녀가는 고양이 천국의 모습을 그려냈다.

바래다줄 수 있다면
아이가 삶을 다했을 때 천국까지 바래다줄 수 있다면 얼마나 좋을까. 절벽을 오르고 불구덩이를 지나 씩씩하게 천국까지 바래다주는 내용의 그림책으로 큰 위로가 된다.

깃털, 떠난 고양이에게 쓰는 편지
프랑스 작가 클로드 앙스가리가 먼저 떠난 고양이에게 보내는 편지. 한 마리 고양이의 삶과 죽음, 상실과 부재의 고통, 동물의 영혼에 대해 써 내려간다.

고양이 그림일기
(한국출판문화산업진흥원 이달의 읽을 만한 책)
장군이와 흰둥이, 두 고양이와 그림 그리는 한 인간의 1년 치 그림일기. 종이 다른 개체가 서로의 삶의 방법을 존중하며 사는 잔잔하고 소소한 이야기.

고양이 임보일기
《고양이 그림일기》의 이새벽 작가가 새끼 고양이 다섯 마리를 구조해서 입양 보내기까지의 시끌벅적한 임보 이야기를 그림으로 그려냈다.

나비가 없는 세상
(어린이도서연구회에서 뽑은 어린이·청소년 책)
고양이 만화가 김은희 작가가 그려내는 한국 고양이 만화의 고전. 신디, 페르캉, 추새. 개성 강한 세 마리 고양이와 만화가의 달콤쌉싸래한 동거 이야기.

고양이와 함께 살아남기! 재난 대비 생존북
전 세계가 수해와 화재, 지진 등 재난의 시대에 놓였다. 고양이와 함께 살아남기 위해 특별한 대비법과 행동 요령을 알아본다.

고양이 안전사고 예방 안내서
고양이는 여러 안전사고에 노출되며 이물질 섭취도 많다. 고양이의 생명을 위협하는 식품, 식물, 물건을 총정리했다.

동물을 만나고 좋은 사람이 되었다
(한국출판문화산업진흥원 출판 콘텐츠 창작자금지원 선정)
개, 고양이와 살게 되면서 반려인은 동물의 눈으로, 약자의 눈으로 세상을 보는 법을 배운다. 동물을 통해서 알게 된 세상 덕분에 조금 불편해졌지만 더 좋은 사람이 되어 가는 개·고양이에 포섭된 인간의 성장기.

동물을 위해 책을 읽습니다 (한국출판문화산업진흥원 출판 콘텐츠 창작자금지원 선정, 국립중앙도서관 사서 추천 도서)
우리는 동물이 인간을 위해 사용되기 위해서만 존재하는 것처럼 살고 있다. 우리는 우리가 사랑하고, 입고, 먹고, 즐기는 동물과 어떤 관계를 맺어야 할까? 100여 편의 책 속에서 길을 찾는다.

경봉스님의 무해한 식탁
자연식과 발효 음식을 연구해 온 스님이 건강도 살리고 생명도 살리는 요리 113가지를 소개한다.

대단한 돼지 에스더
(환경부 선정 우수환경도서, 학교도서관저널 추천도서)
인간과 동물 사이의 사랑이 얼마나 많은 것을 변화시킬 수 있는지 알려 주는 놀라운 이야기. 300킬로그램의 돼지 덕분에 파티를 좋아하던 두 남자가 채식을 하고, 동물보호 활동가가 되는 놀랍고도 행복한 이야기.

인간과 개, 고양이의 관계심리학
함께 살면 개, 고양이와 반려인은 닮을까? 동물학대는 인간학대로 이어질까? 248가지 심리실험을 통해 알아보는 인간과 동물이 서로에게 미치는 영향에 관한 심리 해설서.

황금 털 늑대 (학교도서관저널 추천도서)
공장에 가두고 황금빛 털을 빼앗는 인간의 탐욕에 맞서 늑대들이 마침내 해방을 향해 달려간다. 생명을 숫자가 아니라 이름으로 부르라는 소중함을 알려주는 그림책.

동물에 대한 예의가 필요해
일러스트레이터인 저자가 청소년들에게 지금 동물들이 어떤 고통을 받고 있는지, 우리는 그들과 어떤 관계를 맺어야 하는지 그림을 통해 이야기한다. 냅킨에 쓱쓱 그린 그림을 통해 동물들의 목소리를 들을 수 있다.

동물학대의 사회학 (학교도서관저널 올해의 책)
동물학대와 인간폭력 사이의 관계를 설명한다. 페미니즘 이론 등 여러 이론적 관점을 소개하면서 앞으로 동물학대 연구가 나아갈 방향을 제시한다.

동물주의 선언 (환경부 선정 우수환경도서)
현재 가장 영향력 있는 정치철학자가 쓴 인간과 동물이 공존하는 사회로 가기 위한 철학적·실천적 지침서.

적색목록 (한국만화영상진흥원의 2021년 다양성만화제작 지원사업과 2023년 독립출판만화 제작 지원사업 선정)
끝없이 멸종위기종으로 태어나 인간에게 죽임을 당하는 동물들을 그린 그래픽 노블. 인간은 홀로 살아남을 것인가?

퇴역 경주마 초롱이
인간에게 돈을 벌어주지 못한 경주마 초롱이는 퇴역 경주마가 되고, 경주 때 얻은 다리 부상에도 승용마로 일했다. 다행히 노년에 좋은 가족을 만나 행복하게 보냈다. 고단한 퇴역 경주마의 삶을 초롱이를 통해 알아본다.

묻다 (환경부 선정 우수환경도서, 환경정의 올해의 환경책)
구제역, 조류독감으로 거의 매년 동물의 살처분이 이뤄진다. 저자는 4,800곳의 매몰지 중 100여 곳을 수년에 걸쳐 찾아다니며 기록한 유일한 사람이다. 그가 우리에게 묻는다. 우리는 동물을 죽일 권한이 있는가.

전쟁과 개 고양이 대학살
1939년, 전쟁 중인 영국에서 한 달 동안 40만 마리의 개, 고양이가 안락사되었다. 전쟁 시 인간에게 반려동물이란 무엇일까?

동물은 전쟁에 어떻게 사용되나?
전쟁은 인간만의 고통일까? 자살폭탄 테러범이 된 개 등 고대부터 현대 최첨단 무기까지, 우리가 몰랐던 동물 착취의 역사.

햄스터
햄스터를 사랑한 수의사가 쓴 햄스터 행복·건강 교과서. 습성, 건강관리, 건강식단 등 햄스터 돌보기 완벽 가이드.

어쩌다 햄스터
사랑스러운 햄스터와 초보 집사가 펼치는 좌충우돌 동물 만화. 햄스터를 건강하게 오래 키울 수 있는 특급 노하우가 가득하다.

토끼
토끼를 건강하고 행복하게 오래 키울 수 있도록 돕는 육아 지침서. 습성·식단·행동·감정·놀이·질병 등 토끼에 관한 모든 것을 담았다.

토끼 질병의 모든 것
토끼의 건강과 질병에 관한 모든 것, 질병의 예방과 관리, 증상, 치료법, 홈 케어까지 완벽한 해답을 담았다.

까마귀학으로의 초대

인간 곁에서 살아온 가장 영리한 새, 과학으로 읽다

초판 1쇄 2026년 4월 5일

지은이 스기타 쇼에이
옮긴이 이은옥

편집 김보경
교정 김수미
디자인 나디하 스튜디오(khj9490@naver.com)

인쇄제작 정원문화인쇄
펴낸이 김보경
펴낸 곳 책공장더불어

책공장더불어
주소 서울시 종로구 혜화로16길 40
대표전화 (02)766-8406
이메일 animalbook@naver.com
블로그 http://blog.naver.com/animalbook
인스타그램 @animalbook.modoo

ISBN 979-11-24147-01-6 (03490)

*잘못된 책은 바꾸어 드립니다.
*값은 뒤표지에 있습니다.